中华烹饪古籍经典藏书

曹庭栋
〔清〕黄云鹄 撰
薛宝辰

中国商业出版社

图书在版编目（CIP）数据

粥谱·素食说略／（清）曹庭栋，（清）黄云鹄，（清）薛宝辰撰．－北京：中国商业出版社，2020.1
ISBN 978-7-5208-0935-1

Ⅰ．①粥… Ⅱ．①曹… ②黄… ③薛… Ⅲ．①粥－食谱－中国－清代②素菜－菜谱－中国－清代 Ⅳ．①TS972.137 ②TS972.123

中国版本图书馆CIP数据核字（2019）第216835号

责任编辑：常　松

中国商业出版社出版发行
010-63180647　www.c-cbook.com
（100053　北京广安门内报国寺1号）
新华书店经销
玉田县嘉德印刷有限公司印刷

*

710毫米×1000毫米　16开　16.25印张　150千字
2020年1月第1版　2020年1月第1次印刷
定价：69.00元

* * * *

《中华烹饪古籍经典藏书》
指导委员会

（排名不分先后）

《中华烹饪古籍经典藏书》
编辑委员会

（排名不分先后）

《粥谱·素食说略》编辑委员会

（排名不分先后）

主　任

刘万庆

注　释

邱庞同　王子辉

译　文

黄　枚　曹雁文

点　评

佟长有　牛金生

编　委

胡　浩　樊京鲁　刘　岩　邓芝蛟　朱永松　陈　庆

尹亲林　丁海涛　杨英勋　杨朝辉　麻剑平　王云璋

梁永军　王中伟　孙华盛　王少刚　唐　松　张　文

张陆占　王东磊　张　国　李开明　宋卫东　吴申明

宋玉龙　高金明　李吉岩　李群刚　常瑞东　郭效勇

范红强　朱长云

《中国烹饪古籍丛刊》出版说明

国务院一九八一年十二月十日发出的《有关恢复古籍整理出版规划小组的通知》中指出：古籍整理出版工作“对中华民族文化的继承和发扬，对青年进行传统文化教育，有极大的重要性。”根据这一精神，我们着手整理出版这部丛刊。

我国烹饪技术，是一份至为珍贵的文化遗产。历代古籍中有大量饮食烹饪方面的著述，春秋战国以来，有名的食单、食谱、食经、食疗经方、饮食史录、饮食掌故等著述不下百种；散见于各种丛书、类书及名家诗文集的材料，更加不胜枚举。为此，发掘、整理、取其精华，运用现代科学加以总结提高，使之更好地为人民生活服务，是很有意义的。

为了方便青年阅读，我们对原书加了一些注释，并把部分文言文译成现代汉语。这些古籍难免杂有不符合现代科学的东西，但是为尽量保持原貌原意，译注时基本上未加改动；有的地方作了必要的说明。希望读者本着“取其精华，去其糟粕”的精神用以参考。编者水平有限，错误之处，请读者随时指正，以便修订。

中国商业出版社

出版说明

20 世纪 80 年代初，我社根据国务院《关于恢复古籍整理出版规划小组的通知》精神，组织了当时全国优秀的专家学者，整理出版了《中国烹饪古籍丛刊》。这一丛刊出版工作陆续进行了 12 年，先后整理、出版了 36 册，包括一本《中国烹饪文献提要》。这一丛刊奠定了我社中华烹饪古籍出版工作的基础，为烹饪古籍出版解决了工作思路、选题范围、内容标准等一系列根本问题。但是囿于当时条件所限，从纸张、版式、体例上都有很大的改善余地。

党的十九大明确提出："要坚定文化自信，推动社会主义文化繁荣兴盛。推动文化事业和文化产业发展。"中华烹饪文化作为中华优秀传统文化的重要组成部分必须大力加以弘扬和发展。我社作为文化的传播者，就应当坚决响应国家的号召，就应当以传播中华烹饪传统文化为己任，高举起文化自信的大旗。因此，我社经过慎重研究，准备重新系统、全面地梳理中华烹饪古籍，将已经发现的 150 余种烹饪古籍分 40 册予以出版，即《中华烹饪古籍经典藏书》。

此套书有所创新，在体例上符合各类读者阅读，除根据前版重新标点、注释之外，增添了白话翻译，增加了厨界大师、名师点评，增设了“烹坛新语林”，附录各类中国烹饪文化爱好者的心得、见解。对古籍中与烹饪文化关系不十分紧密或可作为另一专业研究的内容，例如制酒、饮茶、药方等进行了调整。古籍由于年代久远，难免有一些不符合现代饮食科学的内容，但是，为最大限度地保持原貌，我们未做改动，希望读者在阅读过程中能够“取其精华、去其糟粕”，加以辨别、区分。

我国的烹饪技术，是一份至为珍贵的文化遗产。历代古籍中留下大量有关饮食、烹饪方面的著述，春秋战国以来，有名的食单、食谱、食经、食疗经方、饮食史录、饮食掌故等著述屡不绝书，散见于诗文之中的材料更是不胜枚举。由于编者水平所限，难免有错讹之处，欢迎大家批评、指正，以便我们在今后的出版工作中加以修订。

中国商业出版社

2019 年 9 月

本书简介

本书中的两种《粥谱》分别选自清代曹庭栋的《老老恒言》及黄云鹄的《粥谱》。《素食说略》系清宣统时翰林院侍读学士、咸安宫总裁、文渊阁校理薛宝辰所著。

曹庭栋，浙江嘉善人。字楷人，号六圃。曾在家中累土为山，环植花木以侍奉母亲，因称土山为“慈山”，而其本人则自号慈山居士。

曹庭栋历康熙、雍正、乾隆三代，活至九十多岁。《老老恒言》作于他七十五岁时。

《老老恒言》又名《养生随笔》。共五卷。前四卷记载的是关于老人起居、衣着、寝食、待客、器用等方面的知识。第五卷为《粥谱》，共收录了粥方一百种，分上品、中品、下品三类排列。实用性较强。有不少内容系作者多年养生的经验之谈，有一定的参考价值。

《老老恒言》有乾隆刻本、同治刻本以及新中国成立前文瑞楼的石印本等。本书中所选《粥谱》系以石印本为底本，并参阅北京图书馆有关藏本加以标点、注释。

黄云鹄，湖北蕲春人。字翔云。咸丰三年（1853）进士。曾任四川茶盐道、按察使等职。执法严正，不畏豪强。后因平反冤狱得罪权贵辞官而去。晚年任江宁（南京）尊经书院山长，继任湖北两湖、江汉、经心三书院山长。有诗文集多种。

黄云鹄的《粥谱》分《粥谱》及《广粥谱》两部分。成书于光绪七年（1881）。其中，《广粥谱》是关于荒年账粥的资料简编。而《粥谱》则是古代粥方的汇集。共分“食粥时五思”“集古食粥名论”“粥之宜”“粥之忌”“粥品”几部分。几部分中，重点在“粥品”，又分八部分，共收谷类、蔬菜、蔬实类、耳类、瓜类、木果类、植药类、卉药类、动物类的粥方二百多种。内容相当丰富，且有实用性，值得今人加以研究、继承。

黄云鹄的《粥谱》系采用北京图书馆所藏光绪刻本标点、注释。

薛宝辰，原名秉辰，字寿宪，一字幼农，陕西长安县杜曲寺坡人。生于清道光三十年（1850），卒于丙寅年（1926）六月，终年七十七岁。

辛亥革命后，薛氏便闭门谢客，借医术自养，并著书立说。先后著有《宝学斋文诗钞》《仪郑堂笔记》《医学绝句》《医学论说》等。《素食说略》为他所著最后一部书。

《素食说略》除自序、例言外，按其类别分为四卷，共记述了清朝末年比较流行的一百七十余品素食的制作方法。虽然作者在例言中谓“所谓作菜之法、不外陕西、京师旧法”，但较之《齐民要术·素食》《本心斋蔬食谱》《山家清供》等古代素食论著，内容丰富而多样，制法考究而易行，特别是所编菜点俱为人们日常所闻所见，这就使它具有了一定的群众性。

由于作者信佛，本书自序和例言在讲述素食有益于人体的同时，又突出宣扬了“生机贵养，杀戒宜除”的佛家观点，译注时，为存原貌，未加删节。

这个译注本系根据民国初年西安义兴新印刷馆印行的本子标点、注释的，原书所缺字用“□”表示。译注稿曾经聂凤乔同志审校。

中国商业出版社

2019年9月

目录

《粥 谱》

粥品三

《素食说略》

养生随笔
粥谱

〔清〕曹庭栋　撰

邱庞同　注释

说

粥能益人，老年尤宜。前卷屡及之[1]。皆不过略举其概，未获明析其方。考之轩岐家[2]与养生家书，煮粥之方甚夥[3]。惟是方不一例，本有轻清重浊之殊。载于书者，未免散见而杂出。窃意粥乃日常用供。借诸方以为调养，专取适口，或偶资治疾。入口违宜，似又未可尽废。不经汇录而分别之，查检既嫌少便，亦老年调治之阙书也。爰撰为谱。先择米，次择水，次火候，次食候。不论调养治疾功力深浅之不同，第取气味轻清香美适口者为上品。少逊者为中品，重浊者为下品。准以成数，共录百种。削其入口违宜之已甚者而已。方本前人，乃已试之良法，注明出自何书，以为征信。更详兼治，方有定而治无定，治法亦可变通。内有窃据鄙意参入数方，则惟务有益而兼适于口。聊备老年之调治。若夫推而广之，凡食品、药品中堪加入粥者尚多。酌宜而用。胡不可自我作古耶。更有待夫后之明此理者。

【译】粥对人有很多好处，老年人更加适合吃粥。前边几卷曾经反复提到，但都是简单地列举了一些梗概，没有能

①前卷屡及之：前几卷多次提到这些事。《粥谱说》在《养生随笔》第五卷。前四卷中亦有多处谈食粥的内容。

②轩岐家：医学家。轩，轩辕，即黄帝。岐，岐伯，医学家。传说中，岐伯曾与黄帝讨论医学，以问答形式写成《内经》。后世因之称中医学为“岐黄之术”。

③夥：多。

够明确写出粥的做法。查阅医学家和养生家写的书，可以发现煮粥的方法很多。只是这些方法不属于一类，从根本上就有轻清重浊的区别。刊载在书上的，也都是零散的记录在不同地方，出处也很杂乱。我个人认为，粥是日常食用之物。采用不同方法都是为了调养身体。只追求口感适宜，或者选取有助于治疗疾病的做法都可以，口感不好的做法似乎也不能完全舍弃。不经过汇聚记录而散记在各书中，查找起来不方便，而且也缺少老年人用于调养治疗的参考书籍。于是我编撰这本《粥谱》。先讲选米，再讲选水，然后讲火候和食候。不考虑调养和治疗功力深浅的区别，按照如下次序排列：气味轻清、香美适口的为上品，稍差一点的为中品，重浊的为下品。去掉一些口感不好的做法，凑成整数，共录入了一百种做法。如果做法是前人留下的，经我验证是好的方法，就注明出自哪本书，作为证明。另外详细记载食品、药品，同时详细记录了粥可以配合治病症等内容。做粥的方法是确定的，而治疗疾病的办法多种多样，是可以变通的。在这部粥谱里也有我私自根据自己的理解加入的多条粥方，选择的标准是对身体有益而同时兼顾口感。暂且作为老年人煮粥的参考。如果推而广之，食品、药品中能够在粥里加的东西还有很多。根据具体情况使用即可。为什么不能自我做古、别出心裁呢？另外也期待其他人能明白这个道理。

择米第一

米用粳，以香稻为最。晚稻性软，亦可取。早稻次之。陈廪米则欠腻滑矣。秋谷新凿者，香气足。脱壳久，渐有故气。须以谷悬通风处，随时凿用。或用炒白米，或用焦锅笆，腻滑不足。香燥之气，能去湿开胃。《本草纲目》云：粳米、籼米、粟米、粱米粥：利小便，止烦渴，养脾胃；糯米、秫米、黍米粥：益气，治虚寒泄痢吐逆。至若所载各方，有米以为之主，峻厉者可缓其力，和平者能倍其功，此粥之所以妙而神与！

【译】米用粳米，最好使用香稻。晚稻比较软，也可以用来煮粥。早稻就差一个档次。陈仓米不够润泽细滑。当年新舂的米，香气足，脱壳时间长的米就会逐渐产生陈腐的气味。应当将稻谷悬挂在通风的地方，食用时再舂。如果用炒过的米，或者是焦锅巴，不够细腻爽滑。香燥的气味，能够去湿开胃。《本草纲目》上说：粳米、籼米、粟米、粱米粥：利小便、止烦渴、养脾胃；糯米、秫米、黍米粥，可以益气，治疗虚寒、泄痢、呕吐和气逆。这些记载的方法，以米为主要原料和某些峻厉的药品搭配食用，可以缓减它们的药力，和药力平和的药物、食品搭配食用，能使其加倍发挥效用，这就是粥的神奇之处。

择水第二

水类不一。取煮失宜，能使粥味俱变。初春值雨，此水乃春阳生发之气，最为有益。梅雨湿热熏蒸，人感其气则病，物感其气则黴[1]，不可用之明验也。夏秋淫雨为潦[2]，水郁深而发骤。昌黎[3]诗：洪潦无根源，朝灌夕已除。或谓利热不助湿气。窃恐未然。腊雪水甘寒解毒，疗时疫。春雪水生虫易败，不堪用。此外长流水四时俱宜。山泉随地异性。池沼止水有毒。井水清冽，平旦第一汲为井华水，天一真气[4]，浮于水面也，以之煮粥，不假他物，其色天然微绿，味添香美。亦颇异凡。缸贮水，以硃砂块[5]沉缸底，能解百毒，并令人寿。

【译】水有不同的种类。用来煮粥时选用不当，会使粥的味道完全不同。初春时节，正是下雨的时候，这水是春天生发的阳气，对人最好。梅雨湿热熏蒸，人吸收了它的气息会生病，物吸收了它的气息会生霉，不能用来煮粥这早已是不争的事实了。夏秋季节雨水连绵不断，会形成积水，积水深而蒸发快。韩愈的诗里说："洪潦无根源，朝灌夕已除。"有人说这种水利热而不会助湿气，我觉得并不是这样。腊月的雪水甘寒解毒，可以治疗一些流行传染病。春天时候的雪水容易生虫子、腐败，不能用。除此之外，长流水一年四季都很适宜，山泉水根据地点不同而水质有别，池沼中静止的

①黴：霉。

②潦：雨后地面积水。

③昌黎：唐代文学家韩愈的郡望为昌黎，因称韩昌黎，简称昌黎。

④天一真气：指阴气。《周易·系辞》："天一，地二，天三，地四，天五，地六……"天属阳，地属阴，奇数阳，偶数阴，阳生阴，而水属阴，故古代有"天一生水"之语。

⑤硃砂块：硃砂的块子。硃砂，亦名辰砂、丹砂，是炼汞的主要矿物。色红或棕红，无毒。中医入药作镇静剂用，亦可外用，或作颜料用。

水有毒，井水清冽，清晨第一桶水是饱含精华的水，水的阴气浮在水面上，取了用来煮粥，不用添加任何其他东西，颜色自然微绿，味道更加香美。缸里储存的水，放一块朱砂块在缸底，能解百毒，而且能令人增寿。

火候第三

煮粥以成糜为度。火候未到，气味不足。火候太过，气味遂减。火以桑柴为妙。《抱朴子》[①]曰：一切药不得桑煎不服。桑乃箕星之精，能除风助药力。栎炭[②]火性紧，粥须煮不停沸，则紧火亦得。煮时先煮水，以杓扬之数十次，候沸数十次，然后下米。使水性动荡，则输运捷。煮必瓷罐。勿用铜锡。有以瓷瓶入灶内，砻糠稻草煨之，火候必致失度，无取。

【译】煮粥以煮到烂为标准。火候不到，气味不足。火候太过了，气味又减弱了。火用桑木烧最好。《抱朴子》里说：一切药，不用桑木煎药性不能激发（不用桑木煎药不能降服药性）。桑木是柴火的精粹，能除风助药力。栎碳火性紧，煮粥要不停地沸腾，用紧火容易煮好。煮的时候先烧水，用勺子舀起来数十次，然后煮沸数十次，然后下米。让水性始终动荡，那么输送就会便捷。煮粥一定要用瓷罐，不要用铜锡等制成的器皿。有的人用瓷瓶放在灶内，用砻糠或稻草煨，一定会失去对火候的掌控，不建议用这种方法。

---

①《抱朴子》：东晋著名医药学家葛洪著，道家名作。

②栎炭：栎树烧制成的木炭。

食候第四

老年有意日食粥，不计顿，饥即食，亦能体强健，享大寿。此又在常格外。就调养而论，粥宜空心食，或作晚餐亦可，但勿再食他物，加于食粥后。食勿过饱，虽无虑停滞，少觉胀，胃即受伤。食宁过热，即致微汗，亦足通利血脉。食时勿以它物侑食[①]，恐不能专收其益，不获已。但使咸味沾唇，少解其淡可也。

【译】老年人每天都吃粥，不计次数，饿了就吃，也能强健身体，享大寿。这个并不是常规做法。从调养身体的角度来说，粥应该空腹食用，作为晚餐也可以，但吃完后就不要吃别的食物。吃粥不要太饱，太饱虽不会积食难消，但只要稍饱，胃就受伤了。吃粥要趁热，可以微微出汗就好，还可以通利血脉。吃的时候不能用其他食物搭配，是担心粥的营养不能完全吸收，不得已如此。只用带咸味的东西沾唇，稍稍去除粥味淡的弊端就可以了。

---

①侑食：佐食。

上品三十六

莲肉粥

《圣惠方》[1]：补中强志。按，兼养神益脾，固精，除百疾。去皮心。用鲜者煮粥更佳。干者如经火焙，肉即僵，煮不能烂。或磨粉加入。湘莲胜建莲，皮薄而肉实。

【译】《圣惠方》上说：（莲肉粥）补中强志。按，同时可以养神益脾，固精，除百疾。莲子去心，用鲜莲子煮粥更好。干的如果经过火焙，莲肉就变僵硬了，很难煮烂。也可以磨成粉加到粥里。湖南出产的莲子比福建出产的好，皮薄而且莲肉厚实。

【评】莲肉粥：莲肉即莲子肉，我国选用这种既是药材又是食物的药食同源食材，最少也有千年以上的历史。其品种有：洪湖红心莲子、建宁莲子、石城莲子、湘潭莲子等。莲子清心醒脾，补脾止泻、养心安神明目。莲子除煮粥对人大有益处以外，现代人又用其做成菜肴及汤类食品，如“香莲炒鸡丁”“莲子烩鸭丁”，莲子不但做粥应时，还可做成“八宝饭”以及“拔丝莲子”“蜜汁莲子”和“挂霜莲”等甜食。（佟长有）

---

①《圣惠方》：方书名。为《太平圣惠方》的简称。本书共100卷，系北宋翰林医官王怀隐等人在广泛收集民间效方的基础上，吸取北宋以前的各种方书的有关内容编成。

藕粥

慈山参入[①]。治热渴，止泄，开胃消食，散留血[②]，久服令人心欢。磨粉调食，味极淡。切片煮粥，甘而且香。凡物制法异，能移其气味。类如此。

【译】（藕粥是）慈山加入的方子。可以治热渴，止泄，开胃消食，散淤血，经常食用可以使人心情愉悦。磨成粉调入粥里，味道十分寡淡。切成片煮粥，甜而且香。食材制作加工的方法不同，能改变它的味道。比如藕，做法不同味道也就不同，道理一样。

【评】藕：功效非常独特，中医认为莲藕味甘、性平，生熟均可食用。藕不但是煮粥的好食材，也是烹调菜中的主料。如“香煎藕饼”“蒸红米藕”“排骨炖莲藕”等；做配料用的有“河塘小炒”“辣子鸡丁”等。慢性肠炎患者不宜生吃过多，糖尿病人不宜食用。（佟长有）

荷鼻粥

慈山参入。荷鼻即叶蒂。生发元气，助脾胃，止渴止痢，固精。连茎叶用亦可。色青形仰，其中空，得震卦之象[③]。《珍珠囊》[④]：煎汤烧饭和药，治脾。以之煮粥，香清佳绝。

---

①慈山参入：该粥方为曹慈山加入。下同。

②散留血：散瘀血。

③震卦之象：震为八卦之一，卦形为，象仰盂。言荷叶浮不面如饭盂向上仰置，故曰“震卦之象”。

④《珍珠囊》：药书名。一名《诗古老人珍珠囊》。金朝张元素撰。

【译】曹慈山加入的方子。荷鼻即荷叶的基部，可以生发元气，助脾胃，止渴止痢，固精。莲的茎叶也可以使用，荷叶叶绿，外形呈仰状，很像八卦里震象的样子。《珍珠囊》中说：可以用来煎药、烧饭、入药，治疗脾。用来煮粥，清香特别好。

【评】荷鼻粥：荷鼻为荷叶之蒂，明李时珍《本草纲目·果六·莲藕》："（荷叶）出水者芰荷，蒂名荷鼻。"有药用价值（性味归经），微苦、凉。主要功效：和胃安胎、止血止带。（佟长有）

芡实粥

《汤液本草》[1]：益精强治志，聪耳明目。按，兼治涩痹、腰脊膝痛、小便不禁、遗精白浊。有粳、糯二种[2]，性同。入粥俱须烂煮。鲜者佳。杨雄《方言》[3]曰：南楚谓之鸡头[4]。

【译】《汤液本草》上说：芡实粥可以益精强治志，聪耳明目。按，同时可以治疗涩痹、腰脊膝痛、小便不禁、遗精白浊。芡实有粳芡实和糯芡实两种，属性一样。放在粥里都应当煮烂。新鲜的更好。杨雄《方言》中说：南楚称之为鸡头。

【评】芡实粥：芡实也叫鸡头米、鸡头荷、鸡头莲、刺莲

①《汤液本草》：药物学著作。元代王好古撰。

②有粳、糯二种：指芡实分粳、糯两种。粳者稍硬，糯者较软。

③杨雄《方言》：汉代杨雄著。

④鸡头：芡实的别名。

藕等。五六月开紫花，花在苞顶，如鸡喙。剥开后有软肉，壳内有白米，形如鱼目。芡实七八月成熟，九月结果。老北京夏秋季什刹海有冰碗美食，其中必有此物。

芡实煮粥，自古有之。过去宫廷、王府官邸尤其在腊月初八做细粥，也叫“全粥”，其中计十种以上原料，必有芡实。芡实与其他原料配伍，有治哮喘、小儿遗尿、消化不良及神经衰弱等功效。也可烹制菜肴，如“芡实炖老鸭”“淮山芡实烧鱼肚”。（佟长有）

薏苡粥

《广济方》[1]：治久风湿昧。又《三福丹书》[2]：补脾益胃。按，兼治筋急拘挛，理脚气，消水肿。张师正《倦游录》云：辛稼轩患疝，用薏珍东壁土炒服，即愈。乃上品养心药。

【译】《广济方》中说：薏苡粥治长期风湿目不明。又《三福丹书》中说：补脾益胃。按，同时可以治疗筋急痉挛，理脚气，消水肿。张师正《倦游录》中说：辛弃疾患有疝病，用薏苡仁和东墙壁土一起炒了服用，马上就好了。它还是上好的养心药。

【评】薏苡粥：薏苡原产越南，东汉时传入我国，古时人们常把它叫作“薏苡明珠”。以其入粥具有利尿、消炎、镇

①《广济方》：古医方书。

②《三福丹书》：明代医学家龚应圆著。应圆为龚居中之字。

痛等功效。用其入菜也是难得的药膳，如“春笋薏米炖老鸭”“薏米冬瓜汤”“薏米双冬炖排骨。（佟长有）

扁豆粥

《延年秘旨》：和中补五脏。按，兼消暑，除湿，解毒。久服发不白。荚有青紫二色，皮有黑白赤斑四色。白者温，黑色冷，赤斑者平。入粥去皮。用干者佳。鲜者味少淡。

【译】《延年秘旨》上说：扁豆和中补五脏。按，同时可以消暑、除湿，解毒。长期吃头发不白。荚有青和紫两种颜色，皮有黑、白、红、斑四种颜色。白色的性温，黑色的性冷，有红斑的性平。做粥最好用干扁豆，新鲜的味道稍稍有点淡。

【评】扁豆是众多人喜食的一种蔬菜，不但可素食，也可荤做，如“麻酱扁豆丝”“肉片酱汁扁豆”。扁豆品种较多，如“棍扁豆”“火镰扁豆”“架豆”“白不老”以及“东北大油豆”等。扁豆入粥再加入枸杞、人参，可健脾去湿，治肝血不足、祛湿化浊。（佟长有）

御米粥

《开宝本草》[1]：治丹石发动、不下饮食。和竹沥入粥。按，即罂粟子，《花谱》[2]名丽春花。兼行风气，逐邪热，治反胃、

①《开宝本草》：书名。统指《开宝新详定本草》及《开宝重定本草》。《开宝新详定本草》在宋开宝六年（公元973年）由沿药奉御刘翰等九人编纂而成。次年（开宝七年），经李窻等人修订，改名《开宝重定本草》。

②《花谱》：游默斋撰。

痰滞、泻痢，润燥固精。水研滤浆入粥。极香滑。

【译】《开宝本草》上说：御米治丹石发动、吃不下饭。和竹沥一同放在粥里。按，即罂粟子，《花谱》上称作丽春花。同时可以行风气，逐邪热，治反胃、痰滞、泻痢，润燥固精。加水研磨并过滤后取浆放入粥里。非常清香滑润。

姜粥

《本草纲目》：温中，辟恶风。又《手集方》[①]：捣汁煮粥，治反胃。按，兼散风寒通神明，取效甚多。《朱子语录》有秋姜夭人天年之语。治疾勿泥。《春秋运斗枢》曰：璇星散而为姜。

【译】《本草纲目》上说：姜粥温中，辟恶风。《手集方》也记载：姜捣碎煮粥，治反胃。按，同时可以散风寒通神明，功效很多。《朱子语录》上说：秋天吃姜会让人的寿命受损甚至早亡。但治病时就不要拘泥于这些俗语了。《春秋运斗枢》里说：璇星散了以后才可以吃姜。

【评】姜粥：姜可开胃健脾、促进食欲、排汗降温、驱散寒邪，既抗衰老也可止吐。

古人除用姜煮粥以外，又开发了众多美食：腌制菜有酱姜芽，炖鱼、炖肉中姜是不可缺少的佐料，“清蒸螃蟹”“赛螃蟹”食用时姜是必备的蘸料。就是作为菜肴配料也大有排场，如“姜母鸭”“三丝鱼卷”等。另有“姜丝肉”一菜，

①《手集方》：书名。宋代李深之著。生平不详。

猪肉丝配以姜丝及青红椒丝同炒，香辣可口，独具一格。（佟长有）

香稻叶粥

慈山参入。按，各方书俱烧灰淋汁用。惟《摘元妙方》：糯稻叶煎，露一宿，治白浊。《纲目》谓气味辛热，恐未然。以之煮粥，味薄而香清。薄能利水，香能开胃。

【译】曹慈山加入的粥方。按，各书上都说用稻叶烧成灰后淋汁用。只有《摘元妙方》里说：把糯稻叶煮了，放一宿，可以治白浊。《本草纲目》里说它气味辛热，恐怕不是这样。用它煮粥，味道淡而有清香。味淡能利水，清香能开胃。

丝瓜叶粥

慈山参入。丝瓜性清寒，除热利肠，凉血解毒，叶性相类。瓜长而细，名“马鞭瓜”，其叶不堪用。瓜短而肥，名“丁香瓜”，其叶煮粥香美。拭去毛，或姜汁洗。

【译】曹慈山加入的粥方。丝瓜性清寒，可以除热利肠，凉血解毒。它的叶子也有类似功效。长而细的丝瓜，也叫作“马鞭瓜”，它的叶子没什么用处。短而肥的丝瓜，又叫作“丁香瓜”，它的叶子去毛以后，用姜汁洗净以后煮粥，非常香美。

桑芽粥

《山居清供》[1]：止渴明目。按，兼利五脏，通关节，

---

①《山居清供》：宋林洪撰。

治劳热，止汗。《字说》[1]云：桑为东方神木。煮粥用初生细芽、苞含未吐者。气香而味甘。《吴地志》[2]：焙干代茶，生津清肝火。

【译】《山居清供》上说：桑芽粥止渴明目。按，同时可以利五脏，通关节，治劳热，止汗。《字说》里说：桑为东方神木。煮粥的话用初生的细芽以及含而未吐的苞。气味芳香而且味道甘甜。《无地志》上讲：用火焙干后代替茶饮用，可以生津清肝火。

胡桃粥

《海上方》[3]：治阳虚腰痛、石淋五痔[4]。按，兼润肌肤，黑须发，利小便，止寒嗽，温肺润肠。去皮研膏，水搅滤汁，米熟后加入。多煮生油气。或加杜仲、茴香，治腰痛。

【译】《海上方》上说：胡桃粥治阳虚腰痛、石淋五痔（指牡痔、牝痔、脉痔、肠痔、血痔）。按，同时可以润肌肤，黑须发，利小便，止寒嗽，温肺润肠。将胡桃仁去皮研磨成糊状，加入水搅拌后滤出汁液，米熟后加入。煮的时间长了会生油气。也可以加入杜仲、茴香，治腰痛。

【评】胡桃粥：胡桃是否就是核桃，说法不一。胡桃中

---

①《字说》：宋王安石撰。

②《吴地志》：即《吴地记》，旧本题唐陆广微撰，《四库全总书目提要》疑为宋人著作。

③《海上方》：方书名。唐崔元亮撰。该书又名《海上集验方》。

④五痔：病名。指牡痔、牝痔、脉痔、肠痔、血痔。

含较多蛋白质和人体必需的不饱和脂肪酸，可滋养脑细胞，含有维生素E，有润肌肤、乌须发的作用。（佟长有）

杏仁粥

《食医心镜》[①]：治五痔下血。按，兼治风热咳嗽，润燥。出关西者名巴旦，味尤甘美。去皮尖，水研滤汁煮粥，微加冰糖。《野人闲话》云：每日晨起，以七枚细嚼，益老人。

【译】《食医心镜》：杏仁粥治五痔下血。按，同时可以治风热咳嗽，润燥。出产在函谷关（或潼关）以西地区的杏仁名叫“巴旦”。味道特别甘美。去掉皮尖，加水研磨后滤汁煮粥，稍加冰糖。《野人闲话》上说：每日晨起，以七枚（颗）细嚼，对老人好。

【评】杏仁味甜，温，平喘、润肠。后人又研发了“杏仁茶”“杏仁豆腐”“杏仁酪”等甜品小吃。（佟长有）

胡麻粥

《锦囊秘录》：养肺，耐饥、耐渴。按，胡麻即是芝麻。《广雅》[②]名藤宏。坚筋骨，明耳目，止心惊，治百病。乌色者名巨胜。仙经所重。栗色者香却过之。炒研，加水滤汁，入粥。

【译】《锦囊秘录》上说：胡麻粥养肺，耐饥、耐渴。按，

---

①《食医心镜》：即《食医心鉴》。食疗著作，唐昝殷著。

②《广雅》：三国时魏人张楫所撰。为研究古汉语词汇和训诂的重要著作。后因避隋炀帝杨广之讳，更名《博雅》。至今二名并存。

胡麻就是芝麻。《广雅》上称胡麻为藤宏。坚筋骨，明耳目，止心惊，治百病。黑色的芝麻又叫作巨胜。仙经上特别重视它。栗色的香味更重。炒了以后进行研磨，加水后滤汁，放入粥里。

松仁粥

《纲目》方：润心肺，调大肠。按，兼治骨节风，散水气、寒气，肥五脏，温肠胃。取洁白者研膏，入粥。色微黄，即有油气，不堪用，《列仙传》[1]云：偓佺好食松实，体毛数寸。

【译】《本草纲目》上说：松仁粥润心肺，调大肠。按，同时可以治骨节风，散水气、寒气，肥五脏，温肠胃。选取白松仁磨成糊状，入粥。颜色偏黄的松仁，就有油气，不能用。《列仙传》上记载：偓佺（传说中的仙人）喜欢吃松仁，体毛数寸长。

菊苗粥

《天宝单方》：清头目。按，兼除胸中烦热，去风眩，安肠胃。《花谱》曰：茎紫其叶味甘者可食。苦者名苦薏，不可用。苗乃发生之气聚于上，故尤以清头目有效。

【译】《天宝单方》上说：菊苗粥清头目。按，同时可以除胸中烦热，去风眩，安肠胃。《花谱》上说：茎是紫色，叶的味道甜的可食用；苦的叫作苦薏，不可食用。苗上凝聚着生长发育的气息，所以用来清头目最为有效。

①《列仙传》：刘向撰。

菊花粥

慈山参入。养肝血，悦颜色，清风眩，除热，解渴，明目。其种以百计。《花谱》曰：野生，单瓣色白开小花者良，黄者次之。点茶亦佳。煮粥去蒂，晒干，磨粉和入。

【译】慈山加入的粥方。菊花粥养肝血，悦颜色，清风眩，除热，解渴，明目。菊花的品种以数以百计。《花谱》上说：野生，单瓣开白色小花的最好，开黄花的稍差一点。用来点茶也很不错。煮粥时去除花蒂，晒干后磨成粉和入粥里。

【评】菊花粥：菊花中以白色和黄色入食为好，无论煮粥或者做菜，多用白色菊花。黄菊花清肝，养肝血、提面色为好，白菊花除热，去烦渴、明目最佳。所以到了清代文人与官人研制了"菊花火锅"一菜。（佟长有）

梅花粥

《采珍集》[①]：绿萼花瓣，雪水煮粥。解热毒。按，兼治诸疮毒。梅花凌寒而绽，将春而芳。得造物生气之先。香带辣性，非纯寒。粥熟加入。略沸。《埤雅》[②]曰：梅入北方变杏。

【译】《采珍集》记载：梅花粥绿萼花瓣，雪水煮粥。解热毒。按，同时可以治各种疮毒。梅花凌寒绽放，快到春

①《采珍集》：陈枚撰。

②《埤雅》：训诂书。宋陆佃撰。

天而有芳香之气。得到的是造物最初（蓬勃）的生命力。香带辣性，并非纯寒。粥熟后放入。略煮开即可。《埤雅》里说：梅到了北方就变成了杏。

佛手柑[1]粥

《宦游日札》[2]：闽人以佛手柑作葅，并煮粥。香清开胃。按，其皮辛，其肉甘而微苦。甘可和中，辛可顺气，治心胃痛宜之。陈者尤良。入粥用鲜者，勿久煮。

【译】《宦游日札》上说：福建人用佛手柑做泡菜，并用来煮粥。香清开胃。按，其皮辛辣，其果肉甘而微苦。甘可和中，辛可顺气，适合用来治疗心痛和胃痛。（如果治病）放久了的佛手柑更好。如果煮粥就用新鲜的，别煮太久。

百合粥

《纲目》方：润肺调中。按，兼治热咳、脚气。嵇含《草木状》[3]云：花白叶阔为百合，花红叶尖为卷丹。卷丹不入药。窃意花叶虽异，形相类而味不相远，性非迥别。

【译】《本草纲目》上说：百合粥润肺调中。按，同时可以治热咳、脚气。嵇含《草木状》：花白色叶宽阔的是百合，花红色叶尖的叫作卷丹。卷丹不能入药。我个人认为花叶虽不相同，形相似而且味道也差不多，那么它们的本质不会有

---

①佛手柑：即佛手。芸香科。枸橼的变种。果实上部分裂如掌，成手指形。可供观赏，可以入药，亦可以制蜜饯。

②《宦游日札》：古代笔记，盛氏撰。

③《草木状》：即《南方草木状》。传为晋人嵇含著。

很大的差别。

【评】百合粥：百合使用历史悠久，早在唐朝就有食用百合的历史。因它的鳞茎瓣片坚抱"数十片相摞"，状如白莲花，故称"百合"。我国是百合的故乡，有40多个品种，最著名的应产于兰州。亦可入菜，如"百合什锦炒虾仁""百合莲子烩海鲜""百合枸杞炒苦瓜"等。（佟长有）

砂仁粥

《拾便良方》：治呕吐、腹中虚痛。按，兼治上气咳逆、胀痞，醒脾通滞气，散寒饮，温肾肝。炒去翳，研末点入粥。其性润燥。韩忞[①]《医通》曰：肾恶燥，以辛润之。

【译】《拾便良方》：砂仁粥治呕吐、腹中虚痛。按，同时可以治上气咳逆、胀痞，醒脾通滞气，散寒饮，温肾肝。炒熟后去掉外壳，研磨成粉末后放在粥里。其性润燥。韩矛心在《医通》里说：肾忌讳干燥，用辛辣可以使它湿润。

【评】砂仁粥：砂仁产于东南亚，也是广东人较为熟悉的一味中药，有广东的春砂、海南的壳砂。

历代厨师都运用砂仁和其他香料配伍，研制了许多菜肴。如研制的"苏造料"，制作出了"苏造肉""苏造鸡""烧羊肉""卤煮小肠""炖吊子"等菜品。另外，单用砂仁制作的菜品也有"砂仁羊肉汤""砂仁蒸鲫鱼"。气虚肺者或肺有伏火的人禁用砂仁。（佟长有）

---

①韩忞：明代医学家。撰有《医通》二卷。

五加芽粥

《家宝方》[1]：明目止渴。按，《本草》五加皮根效颇多。又云：其叶作蔬，去皮肤风湿；嫩芽焙干代茶，清咽喉。作粥色碧香清，效同。《巴蜀异物志》名文章草。

【译】《家宝方》记载：五加芽粥明目止渴。按，《本草》上说五加皮的根具有多种功效。又说：它的叶子做菜，去皮肤风湿；它的嫩芽焙干以后可以代替茶，清咽喉。用来做粥，颜色发绿味道清香，与叶、芽的功效相同。《巴蜀异物志》里叫作文章草。

枸杞叶粥

《传信方》[2]：治五劳七伤。豉汁和米煮。按，兼治上焦客热[3]，周痺风湿，明目安神。味甘气凉，与根皮及子性少别。《笔谈》云：陕西极边生者，大合抱，摘叶代茶。

【译】《传信方》记载：枸杞叶粥治五劳七伤。按，同时可以治上焦客热，周痺风湿，明目安神。其味甘气凉，与它的根、皮及子的属性稍有区别。《梦溪笔谈》记载：生长在陕西最远地方的枸杞树，粗大到合抱程度，摘取它的叶子可以代替茶来饮用。

---

①《家宝方》：即《卫生家宝方》，宋代医家朱瑞章著。

②《传信方》：唐代刘禹锡撰，二卷。

③上焦客热：上焦，中医学名词，上焦概括胸中部分；客热，客居上焦之热，由外感所引起。

枇杷叶粥

《枕中记》：疗热口敕。以蜜水涂炙，煮粥，去叶食。按，兼降气止渴，清暑毒。凡用择经霜老叶，拭去毛，甘草汤洗净，或用姜汁炙黄。肺病可代茶饮。

【译】《枕中记》上说：疗热口敕。涂上蜜水后炙，然后煮粥，去掉叶子吃。按，同时可以降气止渴，清暑毒。摘取经霜老叶，拭去毛，用甘草汤洗净，或用姜汁炙黄。患肺病的人可代替茶来饮用。

注："炙"为烤的意思，可用在这里实在讲不通。

茗粥

《保生集要》：化痰消食。浓煎入粥。按，兼治疟痢，加姜。《茶经》曰：名有五，一茶，二槚，三蔎，四茗、五荈[①]。《茶谱》曰：早采为茶，晚采为茗[②]。《丹铅录》[③]：茶即古荼字。《诗》"谁谓荼苦"是也。

【译】《保生集要》上说：茗粥化痰消食。意思就是将茶煎浓后用汤来煮粥。按，同时可以治疟痢，加姜。《茶经》上说：茶（依采摘时间不同）有五种叫法，一是茶，二是槚，三是蔎，四是茗，五是荈。

---

①"《茶经》曰"句：《茶经》中说，（茶的）名称有五种，一是叫茶，二是叫槚（jiǎ），三是叫蔎（shè），四是叫茗，五是叫荈（chuǎn）。荈，最晚采的茶。《茶经》，唐陆羽著。

②"《茶谱》曰"句：《茶谱》上说，早采的叫茶，晚采的叫茗。实际上，此话最早为晋人郭璞所说："早取为茶，晚取为茗"。《茶谱》，毛文锡撰。

③《丹铅录》：明杨慎著。

《丹铅录》上说：荼就是以前的茶字。《诗经》说“谁谓荼苦”是也（即谁说荼是苦的）。

苏叶粥

慈山参入。按，《纲止》：用以煮饭，行气解肌。入粥功同。按，此乃发表散风寒之品，亦能消痰，和血，止痛。背面皆紫者佳。《日华子本草》[1]掌禹锡称此书“开宝中四明人撰，不著姓氏”。谓能补中益气。窃恐未然。

【译】慈山参入的方子。按，《纲止》上说：苏叶粥用来煮饭，行气解（xiè，松弛之意）肌。苏叶放在粥里，功效相同。按，它是发汗解表、散风寒之药物，也能够消痰、和血、止痛。叶面正反面都是紫色的最好。《日华子本草》中称苏叶可以补中益气。我觉得恐怕不一定是这样。

苏子粥

《简便方》[2]：治上气咳逆。又《济生方》[3]：加麻子仁，顺气顺肠。按，兼消痰润肺。《药性本草》[4]曰：长食苏子粥，令人肥白身香。《丹房镜源》曰：苏子油能柔五金八石[5]。

【译】《简便方》上说：苏子粥治上气咳逆。《济生方》也说：加麻子仁，顺气顺肠。按，同时可以消痰润肺。《药

①《日华子本草》：即《日华子诸家本草》。日华子撰。

②《简便方》：杨起撰。

③《济生方》：方书名。又名《严氏济生方》。宋代严用和撰。

④《药性本草》：唐代甄权撰。

⑤五金：五种金属，即金、银、铜、铁、锡的通称。八石：道家炼丹的八种石质原料：丹砂、雄黄、雌黄、空黄、流黄、云母、戎盐、硝石。

性本草》里说：长期食用苏子粥，可以令人变得白白胖胖而且身体散发香味。《丹房镜源》里说：苏子油能柔顺五金八石（五金：五种金属，即金、银、铜、铁、锡的通称。八石：道家炼丹的八种石质原料：丹砂、雄黄、雌黄、空黄、流黄、云母、戎盐、硝石）。

霍香粥

《医余录》：散暑气，辟恶气。按，兼治脾胃、吐逆、霍乱、心腹痛，开胃进食。《交广杂志》谓霍香木本。《金楼子》言五香共是一木，叶为霍香。入粥用南方草本。鲜者佳。

【译】《医余录》上说：霍香粥散暑气，除恶气。按，同时可以治脾胃、吐逆、霍乱、心腹痛，使胃口增大，增进食欲。《交广杂志》上说霍香根茎木质发达。《金楼子》说一个树木，散发五种香味，叶为霍香。煮粥时使用南方出产的草本的茎。新鲜的最好。

薄荷粥

《医余录》：通关格，利咽喉，令人口香。按，兼止痰嗽，治头痛脑风，发汗，消食，下气，去舌苔。《纲目》云：煎汤煮饭，能去热，煮粥尤妥。杨雄《甘泉赋》作茇葀[①]。

【译】《医余录》：薄荷粥通关格，利咽喉，令人口香。按，同时可以止痰嗽，治头痛脑风，发汗，消食，下气，去舌苔。《纲

①“杨雄”句：杨雄《甘泉赋》中称薄荷为“茇葀”。《甘泉赋》：“攒并闾与茇葀兮，纷被丽其亡鄂。”李善注：“茇葀，草名也。”

目》中说：煎汤煮饭，能去热，煮粥更为合适。杨雄所写的《甘泉赋》中称薄荷为“茇葀”。

【评】薄荷粥：薄荷是香草的一种，除煮粥以外，北京的厨师在炎热的伏天也研制用其入食的甜食，如“薄荷鲜桃”。把熟的大桃去皮核，改刀成块，放碗内加冰糖，桃肉上放纱布一块，取洗净薄荷叶，放在纱布上，上锅蒸20分钟，取出纱布和薄荷叶（薄荷浓汁和味道已滴入桃肉中），待凉后放入冰箱，用时取出。（佟长有）

松叶粥

《圣惠方》：细切煮汁作粥，轻身益气。按，兼治风湿、疮，安五脏，去毛发，守中耐饥。或捣汁澄粉曝干，点入粥。《字说》云：松柏为百木之长。松犹公也，柏犹伯也。

【译】《圣惠方》上说：将松叶切细煮汁用来煮粥，轻身益气。按，同时可以治风湿、疮，安五脏，生毛发，可以保持内心的虚无清静，耐饥饿。也可以捣成汁澄清后晒干，洒在粥里。《字说》里说：松柏是百木之中最好的。松就像是公爵，柏就如同伯爵。

柏叶粥

《遵生八笺》[1]：神仙服饵。按，兼治呕血、便血、下痢、烦满。用侧柏叶，随四时方向采之。捣汁澄粉入粥。《本草衍义》云：柏木西指[2]，得金之正气，阴木而有贞德者。

---

①《遵生八笺》：明代高濂撰。

②“柏木西指”：这里是用五行学说来说明柏树西向的。据五行学说，“金居西方而主秋气”，柏木西指，故得金之正气。

【译】《遵生八笺》上写道：（柏叶粥是）神仙吃的东西。按，同时可以治呕血、便血、下痢、烦满。选取侧柏叶，依照四时的方向进行采摘。捣汁澄粉后放入粥里。《本草衍义》中说：柏木指向西方（西方主金），所以得金之正气，长于山阴而有操守。

花椒粥

《食疗本草》[1]：治口疮。又《千金翼》[2]：治下痢、腰腹冷，加炒面煮粥。按，兼温中暖肾，除湿，止腹痛。用开口者，闭口有毒。《巴蜀异物志》：出四川清溪县者良。香气亦别。

【译】《食疗本草》上说：花椒粥治口疮。《千金翼》中称：治下痢、腰腹冷，加炒面煮粥。按，同时可以温中暖肾，除湿，止腹痛。选用有裂口的花椒，闭口的有毒。《巴蜀异物志》记载：出产于四川清溪县的花椒较好。香气也很特别。

栗粥

《纲目》方：补肾气，益腰脚。同米煮。按，兼开胃、活血。润沙收之，入夏如新。《梵书》名笃迦。其扁者曰栗楔，活血尤良。《经验方》：每早细嚼风干栗，猪肾粥助之，补肾效。

【译】《纲目》的方子：栗粥补肾气，益腰脚。和米一起煮。按，同时可以开胃、活血。将栗子放在潮湿的沙中保存，到了夏天还跟新鲜的一样。《梵书》名笃迦。扁形的栗子仁

①《食疗本草》：唐孟诜撰，张鼎补。

②《千金翼》：即《千金翼方》。唐孙思邈著。

叫作栗楔，用于活血非常有效。《经验方》记载：每早细嚼风干的栗子，再用猪肾粥辅助，用于补肾效果会非常显著。

【评】栗粥：全国栗子品种300多种，叫法不一，有板栗、大栗、毛栗、棋子等。栗子做菜也不胜枚举，如“栗子焖羊肉”“黄焖栗子鸡”“栗子扒白菜”等。（佟长有）

菉豆粥

《普济方》[1]：治消渴饮水。又《纲目》方：解热毒。按，兼利小便，厚肠胃，清暑下气。皮寒肉平。用须连皮，先煮汁，去豆下米煮。《夷坚志》[2]云：解附子[3]须炮制后方能使用，称为“制附子”。毒。

【译】《普济方》：绿豆粥是治消渴症，同时，《纲目》上也记载：绿豆粥解热毒。按，同时可以利小便，厚肠胃，清暑下气。菉豆皮性寒，其肉性平。使用时要连皮一起煮汁，煮好后，去掉豆子下米煮粥。《夷坚志》说可以解附子的毒。

鹿尾粥

慈山参入。鹿尾，关东风干者佳。去脂膜，中有凝血如嫩肝，为食物珍品。碎切煮粥，清而不腻，香有别韵，大补虚损。盖阳气聚于角，阴血会于尾。

【译】慈山加入的粥方。鹿尾，尤其是关东风干的鹿尾

---

①《普济方》：明代周定王编。共170卷。

②《夷坚志》：书名。宋洪迈著。

③附子：中药。为在乌头母根旁附生的幼根。系温热性药物。有毒。

更好。去除脂膜，里面有跟嫩肝一样颜色的凝血，是食物中的珍品。将鹿尾碎切后煮粥，清而不腻，香气别有韵味，大补虚损。总的来说阳气汇聚在角上，阴血会集在尾上。

【评】鹿尾粥：既易消化，又补腰肾、益肾精、添精髓、强筋骨。

清宫廷满汉席为常用食材，如“御府鹿尾”“人参清汤鹿尾”等。北京以官府菜著称的砂锅居饭庄有一道“仿炸鹿尾”，猪小肠洗净灌以猪肉末、猪肝泥和松子，入味后用麻绳系成段状，蒸熟炸至金黄，切片上桌，蘸汁（姜、醋、香油）食用。（佟长有）

燕窝粥

《医学述》[1]：养脾化痰止嗽，补而不滞。煮粥淡食有效。按，《本草》不载，《泉南杂记》[2]采入。亦不能确辨是何物。色白治肺，质清化痰，味淡利水，此其明验。

【译】《医学述》：燕窝粥养脾化痰止嗽，补而不滞。煮粥不放盐直接食用都很有效。按，《本草》上没有记载，《泉南杂记》搜集进来。但也不能明确分辨到底是什么物质。颜色为白色，可以治疗肺病，质地清永，可以化痰，口味淡薄，利水。这一些是确信无疑的（已经证明了的）。

【评】燕窝粥：燕窝又叫作燕菜、燕根、燕蔬菜。是雨

①《医学述》：清代英仪洛著。

②《泉南杂记》：明嘉兴陈懋仁撰。

燕和金丝燕用分泌的唾液，再混合其他物质所筑的巢。燕窝从唐代以来一直是宫廷贵族的必备食品，除粥外，还可制成"冰糖红枣炖燕窝""银耳莲子炖燕窝"等，也可加牛奶、燕麦等。（佟长有）

中品二十七

山药粥

《经验方》[1]：治久泄。糯米水浸一宿，山药炒熟，加沙糖、胡椒煮。按，兼补肾精，固肠胃。其子生叶间，大如铃，入粥更佳。《杜兰香传》云：食之辟雾露。

【译】《经验方》：山药粥治久泄。糯米加水浸泡一晚上后，将山药炒熟，然后加入沙糖、胡椒和米一起煮。按，同时可以补肾精，固肠胃。其果实生长在叶子中间，大小跟铃铛差不多，用来煮粥更加美味。《杜兰香传》里说：吃山药粥可以除伤寒。

【评】山药又称怀山药、淮山药，多喝山药粥可治体虚多病等。山药加工后可做凉菜、热炒、炖制和甜品的主配料。吃山药要注意不宜加碱煮或久煮，便秘的人不宜多食。（佟长有）

白茯苓粥

《直指方》[2]：治心虚梦泄、白浊。又《纲目》方：主清上实下。又《采珍集》[3]：治欲睡不得睡。按，《史记·龟荚传》：名伏灵。谓松之神灵所伏也。兼安神、渗湿、益脾。

---

①《经验方》：元代萨谦斋撰。

②《直指方》：方书。南宋医家杨士瀛撰。士瀛，号仁斋。故该书又称《仁斋直指方论》。

③《采珍集》：陈枚撰。

【译】《进指方》：白茯苓粥治心虚梦泄、白浊。《纲目》也有记载：主清上实下。又《采珍集》：治欲睡不得睡。按，《史记·龟英传》中叫作伏灵。也就是说伏着松神灵。同时可以安神、渗湿、益脾。

【评】茯苓在古代很多人把它称为神药，认为它有助于宁心安神，增强人体免疫力。可与粳米、大麦、薏米分别熬制成粥，也可做茯苓饼。（佟长有）

赤小豆粥

《日用举要》[1]：消水肿。又《纲目》方：利小便，治脚气，辟邪厉。按，兼治消渴，止泄痢腹胀、吐逆。《服食经》[2]云：冬至日食赤小豆粥可厌疫鬼。即辟邪厉之意。

【译】《日用举要》上说：赤小豆粥消水肿。《纲目》中的方子写道：利小便，治脚气，辟邪厉。按，同时可以治消渴，止泄痢腹胀、吐逆。《服食经》上讲：冬至日吃赤小豆粥可让疫鬼生厌而远离。即辟邪厉之意。

【评】赤小豆又叫红小豆。既可与米煮粥，又可单独煮粥。北京叫作小豆粥，颜色紫红，口味香甜，口感稠润。赤小豆也是做北京小吃的馅心料（红豆沙），如“江米面炸糕”“驴打滚”和“蛤蟆吐蜜”等。（佟长有）

①《日用举要》：元代吴瑞著。

②《服食经》：即彭祖《服食经》。

蚕豆粥

《山居清供》：快胃和脾。按，兼利脏腑。《本经》[1]不载。万表[2]《积善堂方》有误吞针，蚕豆同韭菜食，针自大便出。利脏府可验。煮粥宜带露采嫩者，去皮用。皮味涩。

【译】《山居清供》上说：蚕豆粥利胃和脾。按，同时可以利脏腑。《本经》没有记载。万表著《积善堂方》有人误吞了针，蚕豆同韭菜一起吃，针随大便排出。可以证明它对脏腑是有利的。用来煮粥的话，应该选取在早上有露水的时候采回来的嫩蚕豆，去皮后使用。皮的味道苦涩。

【评】蚕豆又称胡豆、佛豆、南豆、马齿豆。据《太平御览》记载，它是张骞出使西域时带回的种子。蚕豆既可与大米做成饭或粥，也可制成“怪味蚕豆”“牛汁蚕豆”“芽豆炒雪菜”。蚕豆过敏的人应禁食。（佟长有）

天花粉粥

《千金·月令》[3]：治消渴。按，即栝楼根。《炮炙论》[4]曰：圆者为栝，长者为楼，根则一也。水磨澄粉入粥。除烦热，补虚安中，疗热狂时疾，润肺降火止嗽，宜虚热人。

【译】《千金·月令》：天花粉粥治消渴。按，天花粉也就是栝楼根制成的粉。《炮炙论》上记载：圆者为栝，长者为楼，根则是一样的。加水研磨澄出粉放在粥里。可以除

①《本经》：指《神农本草经》。

②万表：明代人，生平不详。

③《千金·月令》：唐孙思邈著。

④《炮炙论》：南北朝时医学家雷敩（xiào）著。原书已佚，其内容散见后代本草书中。

烦热，补虚安中，治疗热狂时疾，润肺降火止嗽，虚热的人食用更加合适。

面粥

《外台秘要》[1]：治寒痢白泻。麦面炒黄，同米煮。按，兼强气力，补不足，助五脏。《纲目》曰：北面性平，食之不渴；南面性热，食之发渴。随地气而异也。《梵书》名迦师错。

【译】《外台秘要》：面粥治寒痢白泻。将麦面炒黄，同米一起煮。按，同时可以强气力，补不足，助五脏。《纲目》上讲：北方的面性平，吃了不会口渴；南方的面性热，吃了以后会觉得渴。随地气而有不同也。《梵书》里叫作迦师错。

腐浆粥

慈山参入。腐浆即未点成腐者。诸豆可制，用白豆居多。润肺，消胀满，下大肠浊气，利小便。暑月入人汗有毒。北方呼为甜浆粥。解煤毒。清晨有肩挑鬻于市。

【译】慈山加入的粥方。腐浆就是还没有点成的豆腐。所有豆子都可以作为原料，用白豆做的居多。润肺，消胀满，下大肠浊气，利小便。夏天掉入人的汗水就会有毒。北方呼为甜浆粥。解煤毒。清晨有人挑在肩上在街市上卖。

龙眼肉粥

慈山参入。开胃悦智，养心益智，通神明，安五脏，其

①《外台秘要》：唐王焘撰。是初唐及唐以前的医学著作选编。

效甚大。《本草衍义》[1]曰：此专为果，未见入药。非矣。《名医别录》[2]云：治邪气，除蛊毒。久服强魂，轻身不老。

【译】慈山加入的粥方。开胃悦智，养心益智，通神明，安五脏，效果很明显。《本草衍义》里讲：龙眼只是作为水果食用，没见过有人用来入药。其实他错了。《名医别录》就记载了它可以治邪气，除蛊毒。长期服用强健精神，使身体轻灵而不觉得疲惫。

【评】龙眼又称桂圆。龙眼肉含维生素A、B，酒石酸，氨基酸、钙、磷、铁等成分。对于治疗失眠、年老多病、体虚贫血有帮助。龙眼入菜，南方菜系较多，如“龙眼苦瓜排骨汤”“龙眼凤尾虾”“龙眼烩鸽蛋”以及“黑糖龙眼干馒头”等。（佟长有）

大枣粥

慈山参入。按，道家方药，枣为佳饵。皮利肉补，去皮用，养脾气，平胃气，润肺止嗽，补五脏，和百药。枣类不一，青州黑大枣良，南枣味薄微酸，勿用。

【译】慈山参入。按，道家方药，枣是很好的药物。它皮利肉补，去皮后食用，可以养脾气，平胃气，润肺止嗽，补五脏，和百药。枣有很多种，青州出产的黑大枣较好，南方的枣味薄而且略有酸味，不要使用。

---

①《本草衍义》：宋代寇宗奭撰。

②《名医别录》：南朝齐梁时陶弘景所撰。

【评】大枣粥：粳米100克，大红枣50克，二者一起煮粥，可以补气血、健脾胃。适用于慢性肝炎、贫血、血小板减少、消化不良的人。（佟长有）

蔗浆粥

《采珍集》：治咳嗽虚热，口干舌燥。按，兼助脾气，利大小肠，除烦热，解酒毒。有青紫二种，青者胜。榨为浆，加入粥。如经火沸，失其本性，与糖霜何异？

【译】《采珍集》：治咳嗽虚热，口干舌燥。按，同时可以助脾气，利大小肠，除烦热，解酒毒。有青皮、紫皮两种。青的更好一些。榨成浆，加到粥里。如果经大火煮沸，就失去了它本来的味道，跟放糖还有什么区别？

柿饼粥

《食疗本草》：治秋痢。又《圣济方》：治鼻窒不通。按，兼健脾涩肠，止血止嗽，疗痔。日干为白柿[1]，火干为乌柿。宜用白者。干柿去皮纳瓮中，待生白霜，以霜入粥尤胜。

【译】《食疗本草》：柿饼粥治秋痢。又《圣济方》：治鼻子阻塞不通。按，同时可以健脾涩肠，止血止嗽，疗痔。在太阳下晒干的叫作白柿，用火烘干的是乌柿。做粥应该用白柿。干柿去皮后放在瓮中，等它生了白霜后，把这个霜放在粥里食用更好。

①日干为白柿：在太阳下晒干的叫白柿。

枳椇[1]粥

慈山参入。按，俗名鸡距子。形卷曲如珊瑚，味甘如枣。《古今注》[2]名树蜜。除烦清热，尤解酒毒。醉后，次早空腹食此粥颇宜。老枝嫩叶，煎汁倍甜，亦解烦渴。

【译】慈山加入的粥方。按，俗名鸡距子。形状卷曲就像珊瑚，味道像枣一样甘甜。《古今注》把它叫作树蜜。可以除烦清热，尤其可以解酒毒。喝醉后，第二天早上空腹食此粥非常合适。用老枝嫩叶，煎汁倍加甘甜，也可以解烦渴。

【评】枳椇粥：枳椇产于云南、湖北、湖南、浙江、江西、四川、福建等地，是一味中药。（佟长有）

枸杞子粥

《纲目》方：补精血，益肾气。按，兼解渴除风、明目安神。谚云：去家千里，勿食枸杞。谓能强盛阳气也。《本草衍义》曰：子微寒。今人多用为补肾药，未考经[3]意。

【译】《纲目》方：补精血，益肾气。按，同时可以解渴除风、明目安神。有谚语讲：去家千里，勿食枸杞。其实就是说它能强盛阳气。《本草衍义》上说：枸杞子微寒。现在人们多用它作为补肾药，还没有考查《神农本草经》中的意图。

---

①枳椇：亦称“拐枣”“金钩子”“鸡距子”“枸”等。鼠李科。落叶乔木。果实近球形、干燥。花序分枝扭曲，熟时肉质红棕色，味甜，供食用，亦可酿酒。

②《古今注》：西晋崔豹著。

③经：指《神农本草经》。“枸杞”收在其卷一上品药物中。

木耳粥

《鬼遗方》[1]：治痔。按，桑、槐、楮、榆、柳[2]为五木耳。《神农本草经》云：益气不饥，轻身强志。但诸木皆生耳，良毒亦随木性。煮粥食，兼治肠红。煮必极烂，味淡而滑。

【译】《鬼遗方》：木耳粥治痔。按，桑、槐、楮、榆、柳这五种树上生的木耳最好，并称“五木耳”。《神农本草经》上讲：木耳可以益气，不容易饿，可以使身体轻灵，并强健精神。但所有树木都可以生出木耳，是好是坏（有毒无毒）都跟随木性的不同而不同。煮粥食用，同时可以治肠红。一定要煮到极烂，味清淡而口感滑。

小麦粥

《食医心镜》：治消渴。按，兼利小便，养肝气，养心气，止汗。《本草拾遗》[3]曰：麦凉曲温，麸冷面热，备四时之气。用以治热，勿令皮拆。拆则性热。须先煮汁，去麦加米。

【译】《食医心镜》：治消渴。按，同时可以利小便，养肝气，养心气，止汗。《本草拾遗》上讲：麦性凉，曲性温，麸性冷，面性热，具备四季的特性。如果用来治热病，就不要使麦皮裂开。裂开后则性热。须先用小麦煮汁。去掉小麦后，再加米煮粥。

---

①《鬼遗方》：外科专著。晋末刘涓子撰，南齐龚庆宣整理，约撰于五世纪，因托名“黄父鬼”所遗而得名。

②桑、槐、楮、榆、柳：古人认为这五种树上生的木耳最佳，称之为“五木耳”。

③《本草拾遗》：唐代陈藏撰，共十卷。

菱粥

《纲目》方：益肠胃，解内热。按，《食疗本草》曰：菱不治病，小有补益。种不一类。有野菱生陂塘中，壳硬而小，曝干煮粥，香气较胜。《左传》屈到①嗜芰②，即此物。

【译】《纲目》方：菱粥益肠胃，解内热。按，《食疗本草》上讲：菱不能治疗疾病，只不过稍有益处。菱有很多种类。有的野菱生长在狭窄的池塘中，壳硬而形状小，晒干后煮粥，香气更好。《左传》记载屈到喜欢吃芰，这个芰指的就是这种菱。

【评】菱粥：菱又名水栗、水菱。益气健脾，利于减肥。还可烹调菜肴，如“肉片炒菱角”，还可做成“盐水菱角”“菱角糕”等。（佟长有）

淡竹叶粥

慈山参入。按，春生苗，细茎绿叶似竹，花碧色，瓣如蝶翅，除烦热，利小便。清心。《纲目》曰：淡竹叶煎汤煮饭，食之能辟暑。煮饭曷若煮粥尤妥。

【译】慈山加入的粥方。按，春天初生的淡竹苗，细茎绿叶长得和竹子很像，花是绿色，花瓣跟蝴蝶的翅膀一样，可以用来除烦热，利小便，清心。《纲目》记载：用淡竹叶煎汤煮饭，食之能辟暑。煮饭难道不如煮粥更好？

①屈到：人名。

②芰（jì技）：古代指菱。

贝母粥

《资生录》[1]：化痰止嗽，止血。研入粥。按，兼治喉痹目眩及开郁。独颗者有毒。《诗》云：言采其虻[2]。虻本作莔[3]。《尔雅》[4]：莔，贝母也。诗本不得志而作，故曰“采虻”，为治郁也。

【译】《资生录》：贝母粥化痰止嗽，止血。将贝母研磨后放入粥里。按，同时可以治喉痹目眩及开郁。贝母应该是两瓣，不分瓣的有毒。《诗经》里记载：“言采其虻。”虻本作莔。《尔雅》则说：莔，也就是贝母。诗本来就是不得志的人所作，所以叫作“采虻”，实际上是为了舒缓抑郁之情。

竹叶粥

《奉亲养老书》[5]：治内热、目赤、头痛，加石膏同煮，再加砂糖。此即仲景“竹叶石膏汤”之意。按，兼疗时邪发热。或单用竹叶煮粥，亦能解渴除烦。

【译】《奉亲养老书》：竹叶粥治内热、目赤、头痛，用法是：加石膏煮，再加砂糖。这就是张仲景所说的“竹叶

---

①《资生录》：宋代王执中撰。

②言采其虻（méng）：《诗·鄘风·载驰》：“陟彼阿丘，言采其虻。”虻，即中药贝母。

③莔（méng）：古字，贝母的意思。

④《尔雅》：我国最早解释词义的专著。由汉代学者编撰而成。

⑤《奉亲养老书》：宋陈直撰。一作《寿亲养老书》，共四卷。元代邹铉续增。

石膏汤”。按，同时可以治疗时邪发热。也可以只用竹叶煮粥，也能解渴除烦。

竹沥粥

《食疗本草》：治热风。又《寿世青编》[1]：治痰火。按，兼治口疮、目痛、消渴及痰在经络四肢。非此不达。粥熟后加入。《本草补遗》[2]曰：“竹沥清痰，非助姜汁不能行。”

【译】《食疗本草》：竹沥粥治热风。又《寿世青编》：治痰火。按，同时可以治口疮、目痛、消渴及痰火在经络四肢。不是竹沥粥治不好。粥煮熟后再加入。《本草补遗》中说：竹沥清痰，与姜汁搭配使用才最好。

【评】用竹沥熬粥一定要加姜汁才奏效。（佟长有）

牛乳粥

《千金翼》[3]：白石英、黑豆饲牛，取乳作粥，令人肥健。按，兼健脾除疸黄。《本草拾遗》云：水牛胜黄牛。又芝麻磨酱、炒面煎茶，加盐，和入乳，北方谓之“面茶”。益老人。

【译】《千金翼》记载：用白石英、黑豆喂牛，取牛奶做粥，可以令人肥胖健硕。按，同时可以健脾除疸黄。《本草拾遗》讲：水牛乳质量超过黄牛乳。用芝麻酱、炒面一起用茶汤煮，加入盐和牛奶，北方称之为“面茶”。对老人有帮助。

---

①《寿世青编》：养生著作。又名《寿世编》，二卷。清代尤乘辑。
②《本草补遗》：元代著名医学家朱震亨著，又名《本草衍义补遗》。
③《千金翼》：即《千翼方》。唐孙思邈著。

鹿肉粥

慈山参入。关东有风干肉条。酒微煮，碎切作粥。极香美。补中益气力，强五脏。《寿世青编》曰：鹿肉不补，反痿人阳。按，《别录》[1]指茸能痿阳。盖因阳气上升之故。

【译】慈山加入的粥方。关东有风干鹿肉条。用酒稍煮，切碎后煮粥，十分香美。补中益气力，强五脏。《寿世青编》中记载：鹿肉不补，反而会致人阳痿。按，《别录》指茸能使男子阳痿。大概是因为阳气上升的缘故吧。

【评】鹿肉能补脾益气，温肾壮阳，是滋补品。还可用于烤、焖、炖、蒸等烹调方法，做出更多的美味菜肴，如“烤鹿方肉”“滑熘鹿里脊”“砂锅鹿肉”等。有些人不适宜食用：其一，阴虚火旺者；其二，干血痨者；其三，夏季不宜多食，夏天气候炎热，鹿肉性温热，两热相加，会出现内热疾病。（佟长有）

淡菜粥

《行厨纪要》[2]：止泄泻，补肾。按，兼治劳伤、精血衰少、吐血肠鸣、腰痛，又治瘿[3]。与海藻同功。《刊石药验》[4]曰：与萝卜或紫苏、冬瓜入米煮，最益老人。酌宜用之。

【译】《行厨纪要》：淡菜粥止泄泻，补肾。按，同时

---

①《别录》：指《名医别录》。痿阳：使男子阳痿。

②《行厨纪要》：冯耘庐撰。

③瘿（yǐng）：生长在脖子上的囊状瘤，主要指甲状腺肿大等病症。

④《刊石药验》：后唐时医书。

可以治劳伤、精血衰少、吐血肠鸣、腰痛，又治瘿（主要指甲状腺肿大等病症），具有与海藻相同的功效。《刊石药验》中记载：加入萝卜或紫苏、冬瓜和米一起煮粥，对老人最有好处。斟酌合适的量服用（疑不可食用太多）。

鸡汁粥

《食医心镜》：治狂疾。用白雄鸡。又《奉亲养老书》：治脚气，用乌骨雄鸡。按，兼补虚养血。巽[①]为风为鸡。风病忌食。陶弘景《真诰》曰：养白雄鸡可辟邪，野鸡不益人。

【译】《食医心镜》：治狂疾。用白雄鸡。又《奉亲养老书》：治脚气，用乌骨雄鸡。按，同时可以补虚养血。巽卦为风为鸡（这是将"巽"卦和自然现象及牲畜对应的一种说法）。患风病的人忌食。陶弘景在《真诰》中说：养白雄鸡可以辟邪，野鸡营养价值不高。

鸭汁粥

《食医心镜》：治水病垂死，青头鸭和五味煮粥。按，兼补虚除热，利水道，止热痢。《禽经》[②]曰：白者良，黑者毒；老者良，嫩者毒。野鸭尤益病人。忌同胡桃、木耳、豆豉食。

【译】《食医心镜》：鸭汁粥治水病垂死，用青头鸭，调和五味（酸甜苦辣咸）煮粥。按，同时可以补虚除热，利

①巽（xùn）：八卦之一。《易·说卦》："巽为木，为风""巽为鸡"。《疏》："为风取其阳在上摇木也""巽主号令，鸡能知时，故为鸡也"。这是将"巽"和自然现象及畜兽对应的一种说法。

②《禽经》：传为春秋时师旷撰。

水道，止热痢。《禽经》上说：白色的鸭子可以食用，黑色的有毒；老鸭好，嫩鸭有毒。野鸭对病人更加有好处。忌同胡桃、木耳、豆豉一起吃。

海参粥

《行厨纪要》：治痿，温下元。按，滋肾补阴，《南闽记闻》言采取法，令女人裸体入水，即争逐而来，其性淫也。色黑入肾，亦从其类。先煮烂，细切，入米，加五味。

【译】《行厨纪要》：海参粥治痿，温下元。按，滋肾补阴，《南闽记闻》说采捕海参的方法是，让女人裸体进入水中，海参立刻争先恐后而来，它生性淫欲强。海参颜色黑的入肾经，二者属于同一类。先煮烂，切得非常细小后，放进米煮，调入五味（酸甜苦辣咸）。

白鲞[1]粥

《遵生八笺》：开胃悦脾。按，兼消食，止暴痢，腹胀。《尔雅翼》[2]：诸鱼干者皆为鲞，不及石首鱼，故独得白名。《吴地志》曰：鲞字从美，下鱼。从鲞者非。煮粥加姜、豉。

【译】《遵生八笺》：白鲞粥开胃悦脾。按，同时可以消食，止暴痢，腹胀。《尔雅翼》：所有鱼剖开晒干后都叫作鲞，但只有石首鱼最好，所以只有它得一个白字加以命名。《吴地志》说：鲞字从属于美字部（上面写“美”字），下面写鱼字。而不应是“鲞”这个字。煮粥时加入生姜、豆豉。

①鲞（xiǎng）：剖开晒干的鱼。

②《尔雅翼》：训诂书。宋代罗愿撰。

下品三十七

酸枣仁粥

《圣惠方》：治骨蒸不眠。水研滤汁煮粥，候熟，加地黄汁再煮。按，兼治心烦、安五脏、补中益肝气。《刊石药验》云：多睡生用便不得眠，炒熟用疗不眠。

【译】《圣惠方》：酸枣仁粥治骨蒸不眠。加水研磨后滤取汁液用来煮粥，粥熟后，加入地黄汁再煮。按，同时可以治心烦、安五脏、补中益肝气。《刊石药验》中说：患嗜睡症者，用生酸枣仁煮服，就不会再嗜睡了。炒熟后使用可以治疗失眠。

【评】酸枣仁：粳米50克，炒酸枣仁30克，白糖适量，煮粥，睡前一小时食用。可以补心安神，适用于心脾两虚的心烦不眠、体虚多汗。（佟长有）

车前子粥

《肘后方》[1]：治老人淋病，绵裹入粥煮。按，兼除湿，利小便，明目。亦疗赤痛，去暑湿，止泻痢。《服食经》[2]云：车前一名地衣，雷之精也。久服身轻。其叶可为蔬。

【译】《肘后方》：车前子粥治老人淋病，用细棉布包好后放在粥中煮。按，同时可以除湿，利小便，明目。也可

①《肘后方》：全名《肘后备急方》，晋葛洪撰。

②《服食经》：传说中的《彭祖服食经》的简称。

以治疗赤痛，去暑湿，止泻痢。《服食经》中说：车前子也叫作地衣，是雷之精华。长时间吃可以让身体感觉发轻。其叶可作为蔬菜吃。

肉苁容粥

陶隐居[1]《药性论》：治劳伤精败面黑。先煮烂，加羊肉汁和米煮。按，兼壮阳，润五脏，暖腰膝，助命门。相火[2]凡不足者，以此补之。酒浸。刷去浮甲，蒸透用。

【译】陶弘景所著《药性论》上讲：肉苁容粥治劳伤精败面黑。先将肉苁蓉煮烂，再加入羊肉汤和米一同煮粥。按，同时可以壮阳，润五脏，暖腰膝，助命门。相火不足的人，都可以用它来补养。用酒浸泡，刷去外面的皮，蒸透后使用。

牛蒡[3]根粥

《奉亲养老书》：治中风口目不动、心烦闷，用根曝干作粉入粥，加葱、椒、五味。按，兼除五脏恶气，通十二经脉。冬月采根，并可作淹，甚美。

【译】《奉亲养老书》：牛蒡根粥治中风口目不动、心烦闷，用根晒干后磨成粉放入粥里，加葱、椒、五味。按，同时可以除五脏恶气，通十二经脉。冬天时候采根做腌菜，很美味。

---

①陶隐居：即陶弘景。

②相火：中医学名词。一般认为相火属肾，寄于肝、胆、心包、三焦等脏腑，能温养全身，推动腑脏的功能活动。

③牛蒡：是一种属于菊科的二年生草本植物。一般以种子入药，叫牛蒡子。有发散风热、清热解毒的功效。

郁李仁[1]粥

《独行方》[2]：治脚气肿、心腹满、二便不通、气喘急。水研绞汁，加薏苡仁入米煮。按，兼治肠中结气，泄五脏、膀胱急痛。去皮，生蜜浸一宿，漉[3]出用。

【译】《独行方》记载：郁李仁粥治脚气肿、心腹满、二便不通、气喘急。加水研磨后绞出汁水，放进薏苡仁米煮。按，同时可以治肠中结气、泄五脏、膀胱急痛，要去皮后用生蜜浸泡一夜，过滤出来食用。

大麻仁粥

《肘后方》：治大便不通。又《食医心镜》：治风水腹大、腰脐重痛、五淋涩痛。又《食疗本草》：去五脏风、润肺。按，麻仁润燥之功居多。去壳煎汁煮粥。

【译】《肘后方》：大麻仁粥治大便不通。《食医心镜》：治风水腹大、腰脐重痛、五淋涩痛。又《食疗本草》：去五脏风、润肺。按，麻仁润燥的功效很好。去掉壳以后，加水煎，取它的汁液用来煮粥。

榆皮粥

《备急方》[4]：治身体暴肿，同米煮食，小便利，立愈。

---

①郁李仁：中药名。蔷薇科植物郁李的种子。性平，味辛苦酸，有滑燥润肠、下气利水等功效。

②《独行方》：唐韦宙撰。

③漉：滤的意思。

④《备急方》：《随身备急方》的简称。唐张文仲撰。

按，兼利关节，疗邪热，治不眠。初生荚仁[1]作糜食，尤易睡。嵇康《养生论》谓榆令人瞑也。捣皮为末，可和菜淹食。

【译】《备急方》：榆皮粥治身体暴肿，和米一起煮着吃，利小便，立刻能治愈。按，同时可以利关节，疗邪热，治不眠。用嫩榆仁做粥食用，更加容易入睡。嵇康《养生论》谓榆令人瞑也。把榆皮捣碾成粉末，可以和菜放在一起吃。

桑白皮[2]粥

《三因方》[3]：治消渴，糯谷炒拆白花同煮。又《肘后方》治同。按，兼治咳嗽吐血，调中下气。采东畔嫩根[4]，刮去皮，勿去涎，炙黄用。其根出土者有大毒。

【译】《三因方》：桑白皮粥治消渴，糯谷炒拆白花一起煮。又《肘后方》做法一样。按，同时可以治咳嗽吐血，调中下气。采摘伸向东方的嫩根，刮去皮，保留汁液，烤成黄色后使用。根暴露在土层外面的桑白皮有毒。

麦门冬粥

《南阳活人书》[5]：治劳气欲绝。和大枣、竹叶、炙草[6]煮粥。又《寿世青编》：治嗽及反胃。按，兼治客热、口干、心烦。《本草衍义》曰：其性专泄不专收，气弱胃寒者禁服。

---

①初生荚仁：嫩榆仁。

②桑白皮：为桑科植物桑除去栓皮的根皮。

③《三因方》：《三因极——病源论粹》的简称。宋代陈言著。

④东畔嫩根：指伸向东方的嫩根。

⑤《南阳活人书》：又名《类证活人书》，宋代朱肱撰。

⑥炙草：炙甘草。

【译】《南阳活人书》：麦门冬粥治劳气欲绝。加入大枣、竹叶、炙草，一同煮粥。又《寿世青编》：治嗽及反胃。按，同时可以治客热、口干、心烦。《本草衍义》上说：它的性理专泄不专收，气弱胃寒的人禁止服用。

地黄粥

《驹仙神隐书》：利血生精。候粥熟，再加酥蜜。按，兼凉血，生血，补肾真阴。生用寒，制熟用微温。煮粥宜鲜者。忌铜铁器。吴旻《山居录》云：叶可作菜，甚益人。

【译】《驹仙神隐书》：地黄粥利血生精。等到粥熟了以后加入酥酪和蜂蜜食用。按，同时可以凉血，生血，补肾真阴。生地黄性寒，煮熟后食用性微温。煮粥应当用新鲜的。不能用铜器、铁器煮粥并盛放。吴旻《山居录》上说：地黄叶可以做菜，对人十分有好处。

吴茱萸粥

《寿世青编》：治寒冷心痛腹胀。又《千金翼》酒煮茱萸治同。此加米煮，拾开口者，洗数次用。按，兼除湿逐风止痢。周处《风土记》：九日[1]以茱萸插头，可辟恶。

【译】《寿世青编》：吴茱萸粥治寒冷心痛腹胀。又《千金翼》记载酒煮茱萸做法一样。加入米煮，拾开口的，多洗几次再使用。按，同时可以除湿逐风止痢。周处《风土记》：重阳日这天以茱萸插头，可辟恶。

---

①九日：农历九月初九日。即重阳日。

常山[1]粥

《肘后方》：治老年久疟。秫米同煮，未发时服。按，兼治水胀，胸中痰结，截疟乃其专长。性暴悍，能发吐。甘草末拌蒸数次，然后同米煮，化峻厉为和平也。

【译】《肘后方》：常山粥治老年久疟。加入秫米一起煮，未发作时服用。按，同时可以治水胀，胸中痰结，截疟是它的专长。药性暴悍，能引起人呕吐。加入甘草末拌匀，放入笼屉蒸几次，然后和米一起煮，可以化解其凌厉的药性而让其平和。

白石英[2]粥

《千金翼方》"服石英法"：捶碎，水浸，澄清。每早取水煮粥，轻身延年。按，兼治肺痿、湿痹、胆黄，实大肠。《本草衍义》曰：攻疾可暂用，未闻久服之益。

【译】《千金翼方》记载了"服石英法"：将石英捶碎，用水浸泡，澄清。每天早晨取水煮粥，轻身延年。按，同时可以治肺痿、湿痹、胆黄，令大肠厚实。《本草衍义》上说：治急病的时候可以用，没听说长期服用会有好处。

①常山：是一种属于虎耳科的落叶灌木植物，以根入药。能治疟疾，但易引起呕吐，故应配镇呕止吐药一并使用。

②石英：一种矿物。古人认为服此可以长生，是无科学根据的。其成分为二氧化硅，质地坚硬。一般为乳白色，含杂质时，有紫、褐、淡黄、深黑等色。无色透明的即为水晶。

紫石英粥

《备急方》：治虚劳惊悸。打如豆，以水煮取汁作粥。按，兼治上气、心腹痛、咳逆邪气。久服温中。盖上能镇心，重以去怯也。下能益肝，湿以去枯也。

【译】《备急方》：治虚劳惊悸。将紫石英敲到豆粒一样大，用水煮，留下汁液做粥。按，同时可以治上气、心腹痛、咳逆邪气。久服温中。上能静心，治疗惊怯与精神失常之症状。下能益肝，滋润的药物治疗津枯血燥等症状。

慈石[1]粥

《奉亲养老书》：治老人耳聋。搥末，绵裹，加猪肾煮粥。《养老书》又方：同白石英水浸露地，每日取水作粥，气力强健，颜如童子。按：兼治周痹风湿，通关节，明目。

【译】《奉亲养老书》：慈石粥治老人耳聋。搥成粉末，用细棉纱包裹，加入猪肾一起煮粥。《养老书》记载方子：同白石英水一起浸在没有遮蔽的地方，每日取水煮粥食用，可以强健气力，面容如童子。按：同时可以治周痹风湿，通关节，明目。

滑石粥

《圣惠方》：治膈上烦热。滑石煎水，入米同煮。按，兼利小便，荡胸中积聚，疗黄胆、石淋、水肿。《炮尔论》曰：凡用研粉，牡丹皮同煮半日，水淘曝干用。

---

①慈石：即磁石。是属于磁铁矿的矿石，呈铁黑色。有镇静、安神等功效。

【译】《圣惠方》：滑石粥治膈上烦热。即加入滑石用水煎，放入米一起煮。按，同时可以利小便，荡胸中积聚，疗黄胆、石淋、水肿。《炮尔论》记载：把滑石研成粉，加入牡丹皮一起煮半天，用水淘净后晒干备用。

白石脂[1]粥

《子母秘录》[2]：治水痢不止。研粉和粥，空心服。按，石脂有五种，主治不相远。濇大肠、止痢居多。此方本治小儿弱不胜药者，老年气体虚羸亦宜之。

【译】《子母秘录》：白石脂粥治水痢不止。磨成粉放在粥里，空腹食用。按，石脂有五种，主要疗效区别不大。主要用来濇大肠、止痢。这个方主要治疗小孩子体弱不能承受药力，老年气体虚弱也可以服用。

葱白粥

《小品方》[3]：治发热头痛。连须和米煮，加醋少许。取汗愈。又《纲目》方：发汗解肌，加豉。按，兼安中，开骨节，杀百药毒。用胡葱良。不可同蜜食，壅气害人。

【译】《小品方》：葱白粥治发热头痛。连葱须和米一起煮粥，加少量醋。出汗后就痊愈了。又《纲目》方：发汗解肌，加入豆豉。按，同时可以安中，开骨节，可以解百药毒。

---

①白石脂：又名白符、随、白陶土、高岭土等，为硅酸盐类矿物。

②《子母秘录》：唐张杰撰。

③《小品方》：方书名。东晋陈延之撰。

用胡葱来煮粥更好。不可和蜜一起食用，同时食用而形成的壅气对人有害。

【评】葱白粥：大葱源于亚洲西部和我国西北高原以及全国各地。如陕西红皮大葱、津葱、东北大葱、章丘大葱、厦门大葱等。北京常用有沟葱、鸡腿葱、高脚白、小葱等。（佟长有）

莱菔[1]粥

《图经本草》[2]：治消渴。生捣汁煮粥。又《纲目》方：宽中下气。按，兼消食去痰止咳，治痢，制面毒。皮有紫白二色。生沙壤者大而甘，生脊地者小而辣。治同。

【译】《图经本草》：莱菔粥治消渴。生莱菔捣成汁后煮粥。又《纲目》所载方子：莱菔宽中下气。按，同时可以消食去痰止咳，治痢，抑制面毒。莱菔皮有紫白两种颜色。生长在沙质土壤上的又大又甜，生长在贫瘠土地上的则又小又辣。治疗效果上相同。

【评】莱菔：常用的萝卜品种较多，如象牙白、蓟农红丰、卫青、天津小沙沃、辽阳大红袍等。北京至今常食用的萝卜品种有心里美、紫牙青、小萝卜、灯笼红萝卜等。（佟长有）

莱菔子粥

《寿世青编》：治气喘。按，兼化食除胀，利大小便，

---

①莱菔：即萝卜。

②《图经本草》：宋代苏颂等编撰。

止气痛。生能升，熟能降。升则散风寒，降则定喘咳。尤以治痰治下痢厚重有殊绩。水研滤汁加入粥。

【译】《寿世青编》：莱菔子粥治气喘。按，同时可以化食除胀，利大小便，止气痛。生能升，熟能降（中医术语）。升则散风寒，降则定喘咳。尤其对于治疗痰、治疗下痢厚重有特殊功效。加水研磨后取汁用来煮粥。

菠菜粥

《纲目》方：和中润燥。按，兼解酒毒，下气止渴。根尤良。其味甘滑。《儒门事亲》[①]云：久病大便涩滞不通及痔漏，宜常食之。《唐会要》[②]：尼波罗国[③]献此菜。为能益食味也。

【译】《纲目》方：菠菜粥和中润燥。按，同时可以解酒毒，下气止渴。根更好。其味甘滑。《儒门事亲》云：久病大便涩滞不通及痔漏，适宜长期食用。《唐会要》记载：尼泊尔献此菜。为能益食味也。

【评】菠菜：甘、凉，有养血止血、敛阴润燥作用。常见入菜，如"芥末菠菜粉""锅塌菠菜"等。（佟长有）

甜菜粥

《唐本草》[④]：夏月煮粥食。解热，治热毒痢。又《纲目》方：益胃健脾。按，《学圃录》[⑤]：甜本作？一名莙荙菜。兼止血，

---

①《儒门事亲》：综合性医书，十五卷（一作十四卷）。金张子和撰。

②《唐会要》：宋初王溥撰。

③尼波罗国：即尼泊尔。

④《唐本草》：为《新修本草》的简称，五十四卷。唐代苏敬等人撰，是世界上第一部由国家颁布的药典。

⑤《学圃录》：金受昌著。

疗时行壮热。诸菜性俱滑，以为健脾，恐无验。

【译】《唐本草》：夏天煮粥食用。可以解热，治热毒痢。又《纲目》方：益胃健脾。按，《学圃录》：甜本写作？一名莙荙菜。同时可以止血，治疗流行性壮热。各种菜性属滑，用来健脾，恐怕没什么效果。

秃根菜粥

《全生集》[1]：治白浊。用根煎汤煮粥。按，《本草》不载。其叶细绉，似地黄叶，俗名牛舌头草，即野甜菜。味微涩、性寒，解热毒。兼治癣。《鬼遗方》云：捣汁，熬膏药贴之。

【译】《全生集》：秃根菜粥治白浊。用根煎汤煮粥。按，《本草》不载。它的叶子细长而且有皱纹，很像地黄叶，俗名牛舌头草，即野甜菜。味微涩、性寒，解热毒。同时可以治癣。《鬼遗方》上说：捣成汁以后熬成膏药，并贴在癣上。

芥菜粥

《纲目》方：豁痰辟恶。按，兼温中止嗽，开利九窍。其性辛热而散耗人真元。《别录》谓能明目，暂时之快也。叶大者良，细叶而有毛者损人。

【译】《纲目》方：芥菜粥豁痰辟恶。按，同时可以温中止嗽，开利九窍。其性辛热而散耗人真元。《别录》说吃了它可以明目，那是一时的办法，不是长久的方案。荠菜叶子大的好，细长的叶子有毛而且对人不好。

---

①《全生集》：为《外科证治全生集》的简称，清代名医王惟德著。

韭叶粥

《食医心镜》：治水痢。又《纲目》方：温中暖下。按，兼补虚壮阳，治腹冷痛。茎名韭白，根名韭黄。《礼记》谓韭为丰本，言美在根，乃茎之未出土得。治病用叶。

【译】《食医心镜》：治水痢。又《纲目》方：温中暖下。按，同时可以补虚壮阳，治腹冷痛。茎称为韭白，根称为韭黄。《礼记》中称韭菜为丰本，说的是它的美味（精华）就在于它的根，是茎没有破土而出的部分。治病时要用它的叶子。

韭子粥

《千金翼》：治梦泄、遗尿。按，兼暖腰膝，治鬼交甚效，补肝及命门，疗小便频数。韭乃肝之菜，入足厥阴经足厥阴经：中医学名词。据中医的经络学说，人体内有十二经脉，其一即是“足厥阴肝经”，简称“足厥阴经”。肝主泄，肾主闭。止泄精尤为妙品。

【译】《千金翼》：韭子粥治梦泄、遗尿。按，同时可以暖腰膝，治疗鬼交十分有效，补肝及命门，治疗小便频率高。韭是护肝的菜，属于足厥阴经。肝主泄，肾主闭。用来止遗精最好不过。

苋菜粥

《奉亲养老书》：治下痢，苋菜煮粥食，立效。按，《学圃录》：苋类甚多。常有者白紫赤三种。白者除寒热，紫者治气痢，赤者治血痢。并利大小肠。治痢初起为宜。

【译】《奉亲养老书》：治下痢，苋菜煮粥吃，很快就会有效果。按，《学圃录》：苋的种类很多。常见的有白、紫、赤三种。白色的苋菜可以除寒热，紫色的则可以治气痢，赤色的用来治血痢。同时对大肠、小肠都有益处。也适用于治疗初期痢疾。

鹿肾粥

《日华子本草》：补中安五脏，壮阳气。又《圣惠方》：治耳聋。俱作粥。按，肾俗名腰子，兼补一切虚损。麋类鹿，补阳宜鹿，补阴宜麋。《灵苑记》[1]有鹿补阴、麋补阳之说，非。

【译】《日华子本草》：鹿肾粥补中安五脏，壮阳气。另外《圣惠方》记载：可以治耳聋。做法都是用它来煮粥。按，肾俗名腰子，同时可以补一切虚损。麋跟鹿很像，但补阳适合用鹿，补阴适合用麋。《灵苑记》有鹿补阴、麋补阳的说法，是不对的。

【评】鹿肾粥：鹿肾又叫鹿腰子，属温而壮阳。可做“鹿肾酸辣羹”。（佟长有）

羊肾粥

《饮膳正要》[2]：治阳气衰败、腰脚痛。加葱白、枸杞叶，同五味煮汁，再和米煮。又《食医心镜》：治肾虚精竭，加

①《灵苑记》：宋沈括撰。

②《饮膳正要》：元忽思慧撰。

豉汁五味煮。按，兼治耳聋脚气。方书每用为肾经引导[1]。

【译】《饮膳正要》：羊肾粥治阳气衰败、腰脚痛。加葱白、枸杞叶，调好五味一起煮成汁后，再加入米煮粥。又《食医心镜》：治肾虚精竭，加豉汁及五味一起煮。按，同时可以治耳聋、脚气。医方中常用羊肾作为引子，使其他药能入肾经之中。

注：五味为中药学名词。即辛、甘、酸、苦、咸、淡、涩等功能药味的统称。

猪髓粥

慈山参入。按《养老书》：猪肾粥加葱，治脚气，《肘后方》：猪肝粥加绿豆，治溲涩，皆罕补益。肉尤动风，煮粥无补。《丹溪心法》：用脊髓治虚损补阴，兼填骨髓，入粥佳。

【译】慈山加入的粥方。按《养老书》：猪肾粥加葱，治脚气。《肘后方》：猪肝粥加绿豆，治溲涩（小便不畅），皆罕补益。猪肉尤其能够引起风病，煮粥的话无法实现滋补的目的。《丹溪心法》：用脊髓治虚损补阴，同时可以增加骨髓量，用来煮粥很不错。

猪肚粥

《食医心镜》：治消渴饮水。用雄猪肚煮取浓汁，国豉

①方书每用为肾经引导：医方中常用羊肾作为引子，使其他药能入肾经之中。经，经络之经。

作粥。按，兼补虚损，止暴痢，消积聚。《图经本草》曰：四季月宜食之。猪水畜而胃属土，用之以胃治胃也。

【译】《食医心镜》：猪肚粥治消渴饮水。用雄猪肚煮取浓汁，国豉作粥。按，同时可以补虚损，止暴痢，消积聚。《图经本草》曰：适合在三、六、九、十二月食用。猪五行属水，而胃五行属土，食用猪肚取以胃治胃之意。

羊肉粥

《饮膳正要》：治骨蒸久冷。山药蒸熟，研如泥，同肉下米作粥。按，兼补中益气，开胃健脾，壮阳滋肾，疗寒疝。杏仁同煮则易糜，胡桃同煮则不砆，铜器煮损阳。

【译】《饮膳正要》：羊肉粥治骨蒸久冷。山药蒸熟后研成泥装，再加入羊肉和米一起煮粥。按，同时可以补中益气，开胃健脾，壮阳滋肾，疗寒疝。加入杏仁一起煮容易煮烂，加入胡桃一起煮则没有膻味，用铜器煮就会损阳气。

【评】羊肉：羊一身都是宝，羊肉有安心止惊的作用，《罗氏会约医镜》说"羊肉补形"，孙思邈说羊肉"止痛，利产妇"，治产后无乳。（佟长有）

羊肝粥

《多能鄙事》[1]：治目不能远视。羊肝碎切，加韭子炒研，煎汁，下米煮。按，兼治肝风、虚热、目赤及病后失明。羊

①《多能鄙事》：传明刘基撰。

肝能明目，他肝则否，青羊肝尤验[1]。

【译】《多能鄙事》：羊肝粥治目不能远视。羊肝切碎，加韭菜边炒边研碎，煎取其汁，放入米煮粥。按，同时可以治肝风、虚热、眼结膜充血及病后失明。羊肝能明目，其他肝则不可以，尤其是青羊肝对于明目更加有效。

【评】羊肝：羊肚食用时不宜加热过久，服用丹参片时不宜食用羊肝。另外食用羊肝后不宜饮茶，急性肾炎的人不宜食用羊肝过多。（佟长有）

羊脊骨粥

同《千金·食治方》[2]：治老人胃弱。以骨搥碎，煎取汁，入青粱米煮。按，兼治寒中羸瘦，止痢补肾，疗腰痛。脊骨通督脉[3]，用以治肾，尤有效。

【译】《千金·食治方》：羊脊骨粥治老人胃弱。把骨头搥碎，煎后取其汤汁，放入青粱米一起煮粥。按，同时可以治寒中羸瘦，止痢补肾，治疗腰痛。脊骨可以通督脉，用来治疗肾病，尤其有效果。

【评】羊脊骨粥：羊脊骨又叫羊大梁，故也称羊蝎子。可做清汤火锅，可做红汤和奶汤的炖煮，味道都鲜美无比。羊脊骨低脂肪、低胆固醇，高蛋白，富含钙质，易于吸收。（佟长有）

---

①青羊肝尤验：青羊肝明目特别有效。

②《千金·食治方》：即《备急千金要方》“食治”中的方子。该书为唐代名医孙思邈著。

③督脉：中医学名词。据中医学说，人体中有奇经八脉，其中最主要的是背后正中线上的督脉。

犬肉粥

《食医心镜》：治水气鼓胀，和米烂煮，空腹食。按，兼安五脏，补绝伤，益阳事，厚肠胃，填精髓，暖腰膝。黄狗肉尤补益虚劳。不可去血，去血则力减，不益人。

【译】《食医心镜》：犬肉粥治水气鼓胀，和米煮烂，空腹食用。按，同时可以安五脏，补绝伤，益阳事，厚肠胃，填精髓，暖腰膝。黄狗肉尤其可以补益虚劳。不要把血去掉，去掉血的话则药力就减弱了，对人就没有益处了。

麻雀粥

《食治·通说》：治老人羸瘦，阳气乏弱。麻雀炒熟，酒略煮，加葱和米作粥。按，兼缩小便，暖腰膝，益精髓。《食疗本草》曰：冬三月食之，起阳道。李时珍曰：性淫也。

【译】《食治·通说》：治老人羸瘦（瘦小之意），阳气乏弱。麻雀炒熟，加酒略煮，再加如葱和米一起煮粥。按，同时可以缩小便，暖腰膝，益精髓。《食疗本草》曰：冬天三个月吃了，男性生殖器容易勃起。李时珍曰：雀本性淫荡。

【评】麻雀：大热，春夏季及有各种热症、炎症的人不宜食用。此外，最好不与猪肝、牛、羊肉同食。现在一般经深加工腌制入味后炸制食用比较普遍。（佟长有）

鲤鱼粥

《寿域神方》[1]：治反胃。童便浸一宿，炮焦，煮粥。又《食

①《寿域神方》：臞仙撰。臞仙为明代宋权之自号。

医心镜》：治咳嗽气喘，用糯米。按，兼治水肿、黄疸，利小便。诸鱼唯此为佳。风起能飞越，故又动风[1]，风病忌食。

【译】《寿域神方》：鲤鱼粥治反胃。用小孩小便泡一夜，烘焙焦，再用来煮粥。又《食医心镜》记载：治咳嗽气喘，加入糯米，和鲤鱼一起煮粥。按，同时可以治水肿、黄疸，利小便。（治疗这些病）所有鱼类里鲤鱼最好。起风的时候鲤鱼可以飞跃，故容易引起风病。已经患有风病的人忌食。

---

①动风：引起风病。风为中医学外感六淫之一。在不同季节受风之后，会出现不同的症候。

后记

有煮粥方，上中下三品，共百种。调养治疾，二者兼具。皆所以为老年地[①]。毋使轻投攻补耳[②]。前人有《食疗》《食治》《食医》及《服食经》《饮膳正要》诸书。莫非避峻厉以就和平也。且不独治疾宜慎，即调养亦不得概施。如“人参粥” 亦见李绛《手集方》。其为大补元气，自不待言。但价等于珠。未易供寻常之一饱。听之有力者，无庸摭入以备方。此外所遗尚多。岂仅气味俱劣之物，亦有购觅难获之品。徒矜博采[③]，而无当于用，奚取乎？兹撰《粥谱》，要皆断自臆见。合前四卷，足备老年颐养。吾之自老其老，恃此道也。乃或传述及之，不无小裨于世。谬妄之讥，又何敢辞。

是岁季冬月之三日慈山居士又书于尾

【译】前边煮粥方，上中下三部，共一百多种。调养身体、治疗疾病，二者功效都有。都是为老年人所准备的。不要轻易投用攻补的药物。古时候的人有《食疗》《食治》《食医》及《服食经》《饮膳正要》这些书。没有不是躲开峻厉而将就平和的。况且不单治病要慎重，就是调养也不能一概盲目

①地：疑为“也”之误。

②毋使轻投攻补耳：不要轻易投用攻补的药物。攻、补，均为中医的基本治病方法。

③“徒矜（jīn金）博采”句：徒夸广泛收录粥方，而并不适用，这种做法有什么可取呢？矜，这儿为自夸之意。奚，疑问词，为何之意。奚取，何足取。

的用。就像“人参粥”也记录在李绛的《手集方》。大补元气，那是不用说了。可是价格相当于珍珠。不容易作为日常的食用。听着非常好，但不用辑录进来。此外没采用的还有很多。不光是气和味都不好的东西，也有购买、寻找都很难得到的宝贝。只是自夸于广采博纳，却没什么实际用途，能取用吗？写《粥谱》，都是我自己判断和提出意见。合前四卷，足够老年人用以采用养生了。我自己用来养老，也靠的是这些方法。所以记述留传下来，也算对世上有些小小的贡献。即便有人说我谬妄而讥讽嘲笑，我也不能不做这本书。

是岁季冬月之三日慈山居士又书于尾

粥谱

〔清〕黄云鹄　撰
邱庞同　注释

序

吾乡人讳食粥，讳贫也。顾都邑豪贵人会饮，必继以粥。索粥不得，主客皆不怿[①]。粥固不独贫者食矣。自来岁饥，为粥糜活饥者，有丧者啜粥，俾无灭性。古人云：薄田以供饘粥[②]。薄云者，盖谦言无厚产不敢厚餐也。然则粥信便于贫无力者矣。

吾近读养生书，乃盛称粥之功。谓于养老最宜：一省费，二味全，三津润，四利膈，五易消化。试之良然，每晨起，啜三四碗亦不觉饱闷。予性颇讳老，亦实觉较十年前为壮健。自得食粥方，益复忘老。粥之时用大矣哉。乃辑濒湖《本草纲目》及高氏《尊生八笺》[③]，凡言粥之事，次以己意，为《粥谱》一卷。既备检用，且以诒世之养老及自养者，俾知食粥之益。如此，或亦推己利人之一端也。

光绪七年又七月廿又七日序于蜀中　黄云鹄

门人汉川刘洪烈校

【译】我家乡的人比较忌讳谈吃粥，实际上主要是避讳一个"穷"字。其实城里有钱人家聚会，也都会在宴会上准备粥食。没有粥，主人、客人都会觉得缺少什么，心生悻悻

①不怿（yì）：不高兴。怿，喜欢。

②饘（zhān）粥：厚粥。

③濒湖：明代医药学家李时珍的号。高氏《尊生八笺》：明代高濂编著的《尊生八笺》。

之意。粥本来就不单单是给穷人吃的。从来年景不好有了灾荒，就做粥来救济灾民，使良好的德性得以延续。古人说：用薄田以供厚粥。所谓薄，多是自谦没有殷实的家产而不敢饮食奢华。话虽如此，但粥确实还是更适合贫穷人家食用。

我最近读养生方面的书籍，于是更加盛赞粥的功效。粥用来养老最合适：第一省钱，第二滋味全，第三唾液润泽，第四对膈有利，第五容易消化。经过我亲自体验，确是如此。每天早上喝三四碗粥也不觉得饱。我本来很忌讳提自己年老，也确实觉得自己比十年前更为健壮。自得到了煮粥的方法以后，更加忘了老了。粥的作用很大啊。于是参阅李时珍的《本草纲目》和高濂的《尊生八笺》，只要是涉及粥的记述，都按照自己的理解加以收集，编成这本《粥谱》。既可检验其方，也可以送给世间奉养老人的人或自养的老人，让大家都知道吃粥的好处。这样，也算是推己利人的一种方式吧。

光绪七年七月二十七日在蜀中作序 黄云鹄

门人汉川刘洪烈校对

食粥时五思

一思少贱时先太夫人乳少，餔鹄[①]以粥糜。两妹以不能食粥殇。先大夫蚤世。太夫人亲课鹄读。岁入一顷余，厚自节省，备延师待客之用。每饭必以米汁沃锅焦为粥。值青黄不接，时或竟月食粥。食久有厌色。太夫人曰：此若小时乳也。非此，若安得活？自是终身无敢厌。

一思饥困时：道光十八年，随先足应院试未售[②]。由山僻小路还家。一老仆荷担从。会资尽不食者竟日。山脊风来，异香扑鼻。盖山谷人家午饭初熟也。予回顾老仆曰：闻未？仆虽老，素好谐，连摇首曰：莫说莫说说不得，莫闻莫闻闻不得。予生平不甚畏死而畏饥，实始此。尝作此时想食粥。焉敢生厌。

一思京宦时：廿年供职郎曹[③]，终岁食黄黑老仓米。久之，差务益繁，窘益甚。饭中杂以粗粟，取饱而已。日事奔驰，亦不得不饱。今得精粲[④]为粥，日日食之。焉敢生厌。

一思旱荒时：前次入蜀，守雅州[⑤]，巡建南。所在岁稔[⑥]，米价贱于前时。独调守成都之次年，旱荒殊甚。祷雨

---

①餔（bù）：喂养之意。鹄：作者黄云鹄自称。

②未售：即“不售”。旧时参加科举考试没有被录取。《诗·邶风·谷风》：“贾用不售。”原指货物卖不出去，后引申为考试不中。

③郎曹：官名。

④精粲（càn）：精白米。

⑤雅州：今四川雅安。

⑥稔（rěn）：庄稼成熟。

久之乃应。民饥可怜。蒙大府允分四十五局平粜。又倡劝城乡各善良捐资粜账，分设粥厂。予尝单骑轮赴各厂食粥，验粥良否。见饥民酸恻，且食且叹。今得安静食粥。焉敢生厌。

一思古昔：圣贤俱安淡泊。生平挚友，半作陈人。我何人斯，幸存食粥，且食白粲佳粥，欢喜承受，尚恐不胜。焉敢生厌。

【译】一思小时候家贫，母亲乳少，就用粥糜喂我。两个妹妹因为没能吃到粥而早逝。我父亲去世早，母亲就亲自教我读书。一年也就一顷地的收成，自己节省，把粮食留作招待老师、宾客时使用。每顿饭都是用米汤泡锅巴为粥。赶上青黄不接的时候，有时整月都只能吃粥，吃久了自然产生厌恶的神色，母亲就说："这就是你小时候的乳汁。没有它，你怎么能活到现在？"于是我再也不敢厌恶了。

一思饥困的年代：道光十八年，跟着哥哥参加考试而未中。从山间僻静的小路回家，一个老仆人挑担跟随。赶上钱花完了整天吃不上饭。山脊上有风吹来，带来一股扑鼻异香，大概是山里人家午饭刚刚出锅吧。我回头问老仆人：闻到了吗？老仆虽老，但平素就很诙谐，连连摇头说：别说别说说不得，别闻别闻闻不得。我一辈子不十分怕死但是怕饿，实际上就是从这个时候开始的。曾经做那个时候想吃的粥，怎么敢心生厌恶啊！

一思在京城当官时，担任郎曹二十年，整天吃又黄又黑的老苍米。时间久了，工作更加繁忙，也更加窘迫。饭中夹杂着粗米，吃饱就满足了。整日奔忙，勉强吃饱而已。现在能用精白米煮粥，天天吃也不敢生厌恶之情啊。

一思旱灾引起饥荒的时候：前一次到四川，负责镇守雅安，巡视建南。那一年庄稼丰收，米价较之前便宜。调守成都的第二年，因旱致荒的情况就频频发生。祈祷下雨却没有如愿，民众饥饿可怜。承蒙巡抚同意把四十五局的米平价卖给百姓，同时提倡劝导城乡中有善心的人捐钱买粮，分设粥场，救济灾民。我曾经一个人到各个粥场，检查粥是否符合标准。看到灾民们一个个悲酸凄恻，一边吃一边叹气。现在能够安安静静地吃粥，怎么还敢心生厌恶？

一思古昔：圣贤的人都安于淡薄。我生平挚友，大多已经过世，我是什么人啊，有幸还能活着吃粥，而且吃的是白米佳粥，高高兴兴地承受还来不及呢，怎么心生厌恶啊？

集古食粥名论

《月令》[1]：仲秋之月，养衰老，授几杖，行糜粥、饮食（注[2]，行犹赐也）。

《檀弓》[3]：公叔文子卒。其子戍请谥于君。君曰：昔卫国凶饥，夫子为粥活[4]国之饿者。是不亦惠乎?

《左传》：正考父鼎铭曰：饘于是，粥于是，以糊余口（注，言至俭也）[5]。

《韩诗外传》[6]：楚王聘北郭先生。其妇曰：夫子以织屦[7]为食。食粥毚[8]屦，无怵惕之忧者，何也？与物无治也[9]。

《史记·仓公传》云：其人嗜粥，故中藏实[10]（粥之益

①《月令》：《礼记》中的《月令》篇。

②注：原书之注。下同此。

③《檀弓》：《礼记》中的一篇。

④活：一本作"与"。

⑤"正考父鼎铭曰"句：见《左传·昭公七年》。正考父，人名，孔父嘉之父，曾在宋国为上卿。鼎铭，在鼎上铸的铭文。饘（zhān 沾）于是，粥于是，谓在鼎中煮饘，煮粥。是，指代鼎。这句话是为了表示俭朴。

⑥《韩诗外传》：汉代韩婴撰，共十卷。"其书杂引古事古语，证以诗词，与经义不相比附，故曰外传"《四库全书总目提要》。

⑦织屦：屦（jù），麻、葛编织的鞋。

⑧毚（chán）：狡猾。

⑨"楚王聘北郭先生"句：这是《韩诗外传》中写到的一则故事。讲楚王聘北郭先生为相。并送"金百斤"。北郭先生原欲结束自己的织屦生活应聘。但在其妻的劝说下，他拒绝了聘请。《粥谱》中的引文有删削。织屦，用麻、葛等编织鞋子。毚（chán 蝉），通"躔"，践也。毚屦，穿着薄底鞋。无治，这儿为不计较之意。

⑩中藏（zàng）实：内脏充实。中藏，此处专指内脏。

人可知）。

汉文帝《诏》曰：今闻吏禀当受鬻者，或易陈粟，岂称养老之意哉[1]。《武帝纪》年九十以上已有受鬻法，为复子若孙，令得身帅妻妾，遂其供养之事[2]。

《南史》：刘善明家有积粟。因青州饥荒，躬身餤粥，开仓以救乡里。幸获全济。人名其家田曰“续命田”。

范文正公[3]少清苦力学。以齑界粥[4]，分早晚食。同学怜之，馈以美馔。辞曰：非不欲食甘旨，恐后难继耳。

苏文忠公与人书云：夜饥甚。吴子野劝食白粥，云能推陈致新，利膈益胃。粥既快美，粥后一觉，尤妙不可言。

韩𢘿[5]《医通》云：一人病淋，素不服药。予令专啖粟米粥，绝去他味，旬余减，月余痊。此五谷治病之验也。

张来[6]《粥记》云：每日清晨食粥一大碗，空腹胃虚，谷气便作，所补不细，又极柔腻，与胃相得，最为饮食之妙诀。盖粥能畅胃气，生津液也。大抵养生求安乐，亦无深远难知之事，不过蚼食之间耳。故作此劝人每日食粥。勿大笑也。

---

①“汉文帝《诏》曰”句：见《汉书·文帝纪》。其中，“或易以陈粟”作“或以陈粟”。据颜师古注：“禀，给也。鬻，淖糜也。给米使为糜鬻也。陈，久旧也。”鬻，同粥。陈粟，陈仓米。

②“《武帝纪》”句：见《汉书·武帝纪》。“年九十”为“民年九十”。受鬻法，授鬻法，是供给老年人以米粟做粥的法令。复，古代的一种制度，视不同对象，免除其赋税、徭役。若，犹及。复子：即有子，免子之赋税；无子则复孙，免孙之税。

③范文正公：即宋代范仲淹。他死后谥文正，故后人称为范文正公。

④以齑界粥：以腌菜盖在粥上。

⑤韩𢘿（mào）：明代医家。四川人。撰有《韩氏医通》一书。

⑥张来：即宋人张耒。《粥记》载其《柯山集》中。

喻嘉言[①]曰：予每晨食粥，甚觉合宜。夜膳进粥，即不爽快。正以粥易成痰，早晨行阳二十五度，不致成痰，即得粥之益。晚间行阴二十五度，即易成痰。一物也，早晚宜否之异如此。亦见修养家过午不食非无因也。

李濒湖云：粥之益人甚多。古方用药物诸谷作粥，治病亦甚多。略取可常食者，集于下方，以备参参考云。

【译】《月令》：农历八月，要赡养老人，给他们几案和拐杖，赐予他们稀粥饮食。

《檀弓》：公叔文子死了，他的儿子请求国君赐给公叔文子谥号。国君说：之前，卫国遭遇严重的饥荒，夫子（命人）煮粥救济国内饥饿的人，这不是惠吗？

《左传》：正考父鼎的铭文上说：煮稀粥用它，煮稠粥也用它，能用来糊口就满足了。

《韩诗外传》：楚王聘请了北郭先生（为相）。她的妻子说：您以编织鞋子谋生。吃粥穿简单的鞋，没有什么事情会让你担心、惊骇，为什么？因为你没有计较这些物质的东西。

《史记·仓公传》云：他喜欢吃粥，所以胃中充实（粥对人的益处就可以知晓了）

汉文帝《诏》曰：现在听说，有官吏将陈年的粟米赐给那些应当接受粥的人，这怎么能说是有丰养老人的意愿呢？《武帝纪》中记述民众凡是九十岁以上，官府就会发给粟米

①喻嘉言：清初著名医家。江西人。名昌，字嘉言，别号西昌老人。

煮粥。免除他儿子或孙子的赋税、徭役，令他们率妻妾，供养好他们的父、祖。

《南史》记载：刘善明的家里有积蓄的粟米。青州闹饥荒，刘善明就亲自煮粥分发给大家，开仓救济乡民。幸而大家都得到了救济。人们就把他家的田地叫作“续命田”。

范文正公（范仲淹）年少时生活清苦，力求治学。把腌菜放在粥上，早上、晚上都是如此（都是吃这个）。同学觉得他可怜，送给他一些美食。他拒绝了，并说：我不是不想吃美食佳肴，只是害怕以后难以继续这样的生活而已。

苏文忠公（苏轼）给别人的信上写到：晚上非常饿，吴子野劝我吃粥，说（粥）可以推陈致新，利隔益胃。粥既容易做又美味，食粥后再睡一觉，更加美妙。

韩悫心在《医通》里记载：有个人患了淋病，向来不吃药。我让他只吃粟米粥，不吃其他东西，十几天症状减轻，一个多月以后就痊愈了。这是五谷治病的先例。

张来的《粥记》中记载：每天清晨吃一大碗粥，空腹时胃较虚，粥极细腻，与肠胃相宜，调理饮食的好办法。粥能够通畅胃气，生津液。养生求安乐，也没什么深远难知的秘诀，不过就是寝食之间的事情而已（不过就是睡和吃方面的事情而已）。所以劝大家每天吃粥。不要嘲笑（我）啊。

喻嘉言说：我每天早上吃粥，感觉非常适宜。晚上吃粥就有点不适。正餐时吃粥容易产生痰，早晨是阳二十五度，不会形成痰，就能得到粥得益处。晚间是阴二十五度，容易产生痰。一种东西，早晚差异就是这样。所以说养生之人过午不食并非没有原因。

李濒湖（李时珍）说：粥对于人有很多好处。古方中用药物和多种谷物一起做粥，治病的先例也很多。略取可以常用的方法，收集如下，作为参考。

粥之宜

水宜洁，宜活，宜甘。

火宜柴，宜先文后武。

罐宜沙土，宜刷净。

上水宜稍宽，后毋添。

宜常搅。已焦者勿搅，搅则不可食。

箸宜竹[①]，匕与碗宜磁，宜揩净。

蔬宜脆，宜菹[②]，宜腌醢[③]之物。

宜独食。

宜早食。

宜与素心人食[④]。

食后髭鬑宜揩净。

食后宜缓行百步，鼓腹[⑤]数十。

宜低声诵书。

宜微吟（诗成不成听之）。

宜作大字（作小楷必低首垂腰。食粥饱后不宜）。

宜漫游。

宜玩弄花竹。

既饱，宜见客。

---

①箸（zhù）宜竹：宜用竹子做的筷子。箸，筷子。

②菹（zū）：腌菜、泡菜之类。

③醢（hǎi）：肉酱。

④素心人：心性素朴的人。陶渊明《移居》："闻多素心人，乐与数晨夕。"

⑤鼓腹：运气使腹部鼓起并状缩。可助消化。

【译】煮粥的水要干净，要是流动的，要带甜味。

煮粥的火要用柴烧，要先小火后大火。

煮粥的罐要用沙土制的，要刷洗干净。

装水要多一点，煮粥的时候别加水。

要经常搅动。已经焦糊的别搅，如果搅就不能吃了。

筷子要用竹做的，勺子和碗要磁做的，要擦干净。

配粥的蔬菜要脆，要用泡菜，要用腌菜。

适合自己一个人吃。

适合早晨起来吃。

适合和心性素朴单纯的人吃。

吃完以后要把胡须擦干净。

吃完后要慢走百步，运气使腹部鼓起几十下。

适合低声读书。

适合小声吟诗（诗作不作的成听其自然）。

适合写大字（写小楷必须得低头弯腰，吃饱后不适合）。

适合漫无目的地游荡。

适合把玩欣赏花草竹枝。

吃饱了，适合见客人。

粥之忌

忌与要人食。

人虽不要未脱膏粱气者亦忌与食。

忌浓膏厚味添入。

忌铜锡器。

忌鱼腥及鳖蟹虾鳝等物。

忌不洁。

忌隔宿。

忌焦臭。

忌清而不粘。

忌稠浓如饭。

忌苦水、卤泉。

忌熟后添水。

忌凉食。

忌急食。

忌食后即睡。

忌食后复饮酒。

忌食饱多饮茶。

忌食饱大怒。

忌缲令人食。

忌与粗人、走役、工匠食（不耐饥）。

【译】忌讳和权贵以及重要的人物一起吃。

人虽然不重要但没脱富人子弟气的也忌讳在一起。

不要有浓油和特别厚的味道添加进来。

不要用铜锡器盛粥。

不要有鱼腥及鳖蟹虾鳝等东西加到粥里。

忌讳不干净。

不能隔夜。

不能焦糊发臭。

不能清而不粘。

不能稠的和饭一样。

不能用苦水、卤泉熬粥。

不能在煮熟后加水。

不能凉着吃。

不能急着吃。

不能吃了以后马上睡。

不能吃粥以后再喝酒。

不能吃饱以后再多喝茶。

不能吃饱以后大发脾气。

不能勉强别人吃。

不能和粗人、差人、工匠一起吃（因为粥不充饥）。

粥品一 谷类

秈米[1]粥

温中养胃，止烦渴，利小便，益气力。

【译】秈米粥温补中气，调养肠胃，能够抑制烦闷，消渴，利小便，增益气力。

粳米[2]粥

和五脏，益荣卫[3]，开胃气，助谷神[4]。粳亦作秔。

【译】粳米粥调和五脏，增益气血，能够开胃口，帮助养生，粳米也叫作秔米。

【评】粳米：稻谷分三类，籼米、粳米和糯米。粳米是用粳型非糯性稻谷制成的米，米粒一般呈椭圆形，黏性大、胀性小，出饭率低。按季节分早晚粳米。（佟长有）

糯米粥

温肺，暖脾胃，缩小便。宜和诸米[5]。专食久软人[6]。

【译】糯米粥温润肺部，和暖脾胃，收缩小便。适合与其他米类搭配起来吃。长时间吃糯米会使人身体乏力。

---

①秈（xiān）米：籼稻碾出的米，黏性小。秈，今作籼。

②秔（jīng）米：粳稻碾出的米。秔，今作粳。

③荣卫：即营卫，中医学名词，指人体中的营气、卫气。一主血，一主气。

④谷神：老子形容“道”的称呼。谷，即山谷，象征空虚。神，有变化莫测之意。一说“谷”同“穀”“穀”可供营养，而“道”能生养万物。故名。

⑤宜和诸米：应将糯米和其他种类的米和起来吃。实指常变换食用。

⑥专食久软人：长时间专吃糯米粥会使人乏力。

【评】糯米粥：我国南方称糯米，北方多称江米。（佟长有）

香稻米[1]粥

开胃悦神，宜少宜新入诸米中，宜稍后。

【译】香稻米粥开胃口，愉悦精神，适合把少量的新产下来的香稻米放到其他米里，最好稍后加入进其他米里。

陈米[2]粥

宽中，平胃，止痢，除烦，消积。

【译】陈米粥宽舒中气，平和胃气，止痢疾，消除烦闷，消除积食。

【评】陈米：北方人称为“黄米”，也叫“老米”。由于储存时间较长，故米色变深。（佟长有）

焦米[3]粥

收水泻[4]，回胃气。

【评】焦米：焦米即炒焦的黄米。用于治疗积食、消化不良等，无副作用。（佟长有）

盐米粥

姜丁、茶末、粳米、神曲[5]末同炒，入水为粥。治不和[6]。

---

①香稻米：常有香味的稻米。

②陈米：陈仓米。

③焦米：将粳米、籼米等淘净，在锅内炒干至焦黄而成。

④收水泻：能止水状腹泻。

⑤神曲：又名“六神曲”。是在伏天用青蒿、苍耳、辣蓼三药榨取自然汁，加入杏仁泥、赤小豆粉及白面粉三物，经发酵后制成。有助消化等功效。

⑥治不和：治脾胃不和。

【译】把姜丁、茶叶末、粳米和神曲末一起炒过，放到水里熬成粥。能够治疗脾胃不和。

大穬麦[①]粥

实五脏，益气。煮粥甚滑。宜久煮。健人。

【译】大穬麦粥充实五脏，增益中气。用来煮粥特别润滑。适合煮长一点时间。对人的健康有好处。

小麦粥

养心气，止烦渴，治五淋[②]，平肝气，治漏血、唾血。

【译】小麦粥调养心气，抑制烦闷，消渴，治五淋病，平和肝气，治疗漏血、唾液中带血的情况。

米麦粥

吾乡[③]有之。似大麦而无壳。食之健人。颇似青稞。

【译】我老家湖北有这种米。像大麦但没有壳。吃了对人有好处，很像青稞。

浮麦[④]粥

益气，除热，止心虚盗汗及自汗不止。

【译】浮麦粥补益中气，消除热火，能够抑制心慌、盗汗和身体出汗不停的情况。

---

①穬（kuàng 矿）：这儿指大麦的一种。据《文选》李善注："大麦之无皮毛者曰穬。"

②五淋：中医学名词。指尿频、尿急、排尿障碍及涩痛淋沥等病患。分石淋、气淋、膏淋、劳淋、血淋五类。

③吾乡：指作者的家乡湖北。

④浮麦：浮小麦，指小麦的干瘪轻浮未成熟颖果或带稃的颖果，晒干后可以入药。

炒面粥

血痢不止，炒面入粥中，食之能回生。

【译】遇到血痢疾，便血不止，把炒面加进粥里，吃了就能救命。

面筋浆粉[1]粥

益气，解劳热，断痢[2]。

【译】面筋浆粉粥增补中气，解除烦劳热火，根治痢疾。

莜麦粥

充饥。

燕麦粥

充饥，滑产。

荞麦粥

消滞，炼滓，用粉加茶末、蜜水搅干下服，治嗽神效。

【译】荞麦粥消除食滞，炼出滓渣，用荞麦粉加上茶叶末、蜜水搅干了以后服用，治疗咳嗽有特别好的效果。

苦荞粥

止饥。

玉米粥

开胃宽肠。即包谷，又名玉蜀黍。

①面筋浆粉：将洗面筋的浆水澄清后所得的粉。

②断痢：止痢。

【译】玉米粥能够开胃、宽松肠道。就是包谷，也叫玉蜀黍。

蜀黍粥

温中涩肠。即高粱，又名芦粟。

【译】蜀黍粥温补中气，使肠道滞涩。（蜀黍）就是高粱，又叫芦粟。

黍米粥

宜肺。治阴阳易及久心痛。有赤白黑数种，赤胜[①]。

【译】黍米粥对肺有好处。治疗阴阳易处和长时间心痛。有红、白、黑好几种，红色的质量最好。

【评】黍米：黍米也叫黍子，从颜色上分黄、红、黑三种。（佟长有）

稷米粥

益气凉血，解瓠毒。即糜子，又名穄米。

【译】稷米粥增益中气，温凉血液，能解瓠子中毒。就是糜子，又叫穄米。

【评】稷米：稷米又叫糜米或糜子，为黍类不粘食品。（佟长有）

秫粱米粥

益气健脾，治赤痢。有黄白青数种。黄治不寐，白青除热。

①赤胜：指赤色的黍米质量最好。

【译】秫粱米粥增益中气，健补脾气，治疗赤痢。（秫粱米）有黄色、白色、青色几种。黄色治疗失眠，白色和青色的能够消除热火。

粟米粥

补虚损，益丹田，养肾，去胃热，利小便，治反胃、痢。

【译】粟米粥补气虚、气损，增益丹田之气，调养肾脏，去除胃火，利小便，治疗反胃、痢疾。

穇子粥

益气，宜脾，厚肠胃，杀虫。

【译】穇子粥增益中气，适宜脾脏，增进食欲，调节肠胃，杀肠里的寄生虫。

黄豆粥

宽中下气，利大肠，消肿解毒。豆黄研末入粥佳，青豆平肝热。

【译】黄豆粥宽舒中气，通下气，有利大肠，消除肿胀，解毒。把豆黄研成末放到粥里更好，青豆能够平抑肝热。

黑豆粥

补肾，镇心，解毒，明目。少入盐尤妙。

【译】黑豆粥补益肾气，镇摄心神，解毒，明目。少放些盐会更好。

绿豆粥

止渴，解毒，消肿，下气。勿去皮。

【译】绿豆粥抑止渴症，解毒，消除肿胀，通下气。别去掉外皮。

红白饭豆[①]粥

补中暖胃，肾病宜之。补血实胃，调经益气。

【译】红白饭豆粥增补中气，暖胃，适合治疗肾病。补血，充实胃气，调理月经，益气。

赤小豆粥

行水消肿。心病宜之。久服瘦人。

【译】赤小豆粥通调水道，消除肿胀。适合心疾病人。长时间吃会使人变瘦。

豌豆粥

益中平气，脾胃宜之。

【译】豌豆粥增益中气，平和情绪，适合脾胃。

蚕豆粥

快胃，利脏腑。或先煮熟，或捣末再入粥同煮。

【译】蚕豆粥让胃舒服，有利于脏腑。可以（把蚕豆）先煮熟，也可以捣成末再放到粥里一起煮。

扁豆粥

镇脾，消暑。白者胜。补中去皮。解暑连皮。

【译】扁豆粥镇定脾脏，消除暑热。白色的好。要想补益中气就去掉外皮。要想解暑热就连着皮煮。

①红白饭豆：饭豆，豆科植物豇豆的种子，因品种不同而分别呈红色或白色。

芸豆粥

益脾胃。北人谓之芸豆，南名二季豆。同粳米作粥，治思虑过度，虚火炎上。

【译】芸豆粥有益脾胃。北方人称为芸豆，南方叫二季豆。和粳米一起煮了做成粥，可以治思虑过度，虚火上窜。

豇豆粥

补肾，入少盐同煮；止吐逆，入少姜同煮。

【译】豇豆粥补肾，加少量的盐一起煮；能够止呕吐，放少量的姜一起煮。

刀豆粥

益肾补元[1]，止呃逆。

【译】刀豆粥增益肾气，温补中元，能治打呃。

彬豆粥

开肠胃，利小便。西北人多莳之以供粥。

【译】彬豆粥增进食欲，有利通肠胃，利小便。西北人爱种植彬豆用来煮粥。

泥豆粥

下气凉血。

【译】泥豆粥有利于气下，使血凉下来。

爬山豆粥

下气通关，养肾益脾。

①补元：补下元。

【译】爬山豆粥利于气下，打通体内关窍，调养肾脏，有益脾脏。

脂麻粥

九蒸晒，挼去皮，和粳米煮粥。大益人。

【译】芝麻蒸了以后晒，一共要九次，剥皮外皮，和粳米一起煮粥吃。对人特别有益。

苡仁粥

补气，利肠胃，去风痹，治筋挛，消肿，治湿邪。

【译】补充元气，有利肠胃，去掉风痹，治疗抽筋，消除肿胀，治疗湿邪症。

菰米粥

解热调胃。即茭白子，一名雕胡。

【译】菰米粥消除热毒，调节胃口。菰米就是茭白籽，另一个名字叫雕胡。

沙谷米粥

治反胃、下痢、水泻。即罂粟。

【译】沙谷米粥治疗反胃、痢疾、腹泻。就是罂粟。

涝糟[1]粥

温中暖胃。

谷芽粥

去壳，炒研入粥。消食，除闷胀。久食伐脾[2]。

①涝糟：即醪糟。这儿指带有部分酵米的江米酒。

②伐脾：对脾脏有害。伐，攻伐。

【译】去掉外壳，炒过再磨过，然后放到粥里。助消化，消除闷胀。长时间吃会对脾脏产生不好的作用。

麦芽粥

久食消肾，同谷芽。

【译】长时间吃会消解肾气，和“谷芽”条一样。

豆芽粥

黄豆芽粥补不足，绿豆芽去火并助生气。切细入。取汤亦可。

【译】黄豆芽做粥可以补中气不足，绿豆芽做粥可以去除火气并且帮助产生气力。要切得特别细加入粥里。只喝汤也可以。

饧粥

缓中，温肺止嗽，表邪[1]，和胃。糯米尤胜。即饴糖。

【译】饧粥舒缓中气，温润肺部，止咳嗽，去邪气，调和胃。用糯米尤其好。（饧）就是饴糖。

【评】饧粥：解释为麦芽糖，自古有寒食节食粥习俗，唐宋以后，清明时节，街头巷尾都有小贩吹啸卖饧。（佟长有）

豆豉粥

发汗，止盗汗。炒止血痢，发汗加葱，止血痢加蒜薤。

【译】豆豉粥能够发汗，抑止盗汗。炒过以后吃能治血痢，要发汗需要加上大葱，要治疗血痢，需要加上蒜薤。

①表邪：去邪气。邪，中医学名词，指引起疾病的环境因素，如风邪、寒邪等。

豆浆粥

宜胃和中。豆乳宜老人。豆乳皮宜产妇。

【译】对胃有好处，调和中气。豆乳适合老年人。豆乳的皮适合产妇吃。

红曲粥

活血消食。

神曲粥

化食下气，解疫。

【译】消化食物，通气，消解疫病。

【评】神曲：先将神曲15克捣碎，加水400克，煮成200克，去渣取汁再加米50克煮成稠粥。（佟长有）

寒食[①]粥

治饱嗳。

口数粥[②]

十二月廿五日，用赤小豆煮粥，举家食。见《范石湖集》[③]。

【译】十二月二十五日这天，用红小豆煮粥，全家食用。

---

①寒食：节名，在清明前一天。古人从这一天起，三天不生火做饭，仅吃事先煮好的粥等，故叫寒食。有的地区把清明也称为"寒食"。

②口数粥：又名"人口粥"。古人在腊月二十五日煮此粥，以"祀食神"。《梦粱录·卷六·十二月》："二十五日，士庶家煮赤豆粥祀食神，名曰'人口粥'，有猫狗者，亦与焉。不知出于何典。"

③《范石湖集》：宋人范成大的集子。范成大，吴县（今江苏）人，号石湖居士。其集中有"口数粥行"一诗："家家腊月二十五，淅米如珠和豆煮。大杓撩铛分口数，疫鬼闻香走无处。"

参见《范石湖集》。

【评】口数粥：旧俗，全家计口而食，远出门者，也要给留下一口。（佟长有）

火齐粥①

见《史记·仓公传》。

③火齐粥：清热去火的药粥。《史记·扁鹊仓公列传》："臣意即为之液汤火齐，逐热，一饮汗尽，再饮热去，三饮病已。"

粥品二 蔬类

姜粥

温中辟恶。姜汁调粥，化痰。粉和中。

【译】姜粥温补中气，辟除恶气。用姜汁调到粥里，可以化痰。用姜粉调到粥里，可以调和中气。

葱粥

通气，活血，散寒。

【译】葱粥通气，舒活血液，散除寒气。

韭子①粥

濇精②。韭菜粥暖下③。

【译】韭子粥稳固精气，韭菜粥可以温暖人体下元。

薤白粥

通滞，治冷痢。独蒜同④，辟瘟，解诸毒。小蒜温中。即藠子⑤。

【译】薤白粥打通滞碍，治疗冷痢。独头蒜和薤白具有相同功效，辟除瘟症，解各种毒。小蒜可以温补中气。就是藠子。

---

①韭子：韭菜籽。

②濇（sè）精：固精作用。濇，同“涩”，不滑润，这儿作“固”解。

③下：下元。即“肾气”。因五脏位置肾居最下，肾藏有元阴、元阳为元气之本，故称“下元”。

④独蒜同：独头蒜与薤白具有同样的功效。

⑤藠（jiào）子：多年生草本，鳞茎可作酱菜、熬粥。

菘菜粥

除烦，下气消食，滑口。少姜同煮尤佳。俗名曰白菜。

【译】去除烦躁，通气，帮助消食，滑嫩爽口。加少量的姜一起煮特别好。俗称白菜。

乌金白菜粥

悦胃，可口。或名“瓢儿菜”，或名“过冬白”。

【译】乌金白菜粥愉悦胃脏，可口。乌金白菜又叫“瓢儿菜”，或者叫“过冬白”。

芥菜粥

豁痰利膈。青菜同。芥种甚多，白者胜，入粥和中通滞，子明目。

【译】豁除痰症，有利腑膈。与青菜一样。芥菜种类特别多，白的好，加入粥里可以调和中气，打通滞碍，芥籽可以明目。

莱菔粥

消食利膈，通大小便，治痢，制面毒。

【译】莱菔粥帮助消食，有利腑膈，通大、小便，治疗痢疾，抑制面毒。

苋菜粥

和血，止初痢。红者[1]止白痢；白者止红痢。又赤苋和粳米作粥，止血痢。见《寿亲养老书》。

---

①红者：红色的苋菜。

【译】苋菜粥调和气血，止初期痢疾。红色的止白痢疾；白色的止红痢疾。另外，赤苋和粳米放在一起做粥，止血痢疾。参见《寿亲养老书》。

油菜粥

下气。即芸苔。

红油菜粥

散郁。即卷裛[①]。又名多心菜。

芹菜粥

去伏热，利胃，通膈。水芹肥健人。

菠菜粥

润燥滑中。

蕹菜粥

温中滑产。

莴苣粥

清胃，通经脉，通乳汁。乳不行，用子及糯米、粳米各半煮粥，频食之。

【译】莴苣粥清理胃脏，通畅经脉，通乳汁。乳汁不行的，用莴苣籽和糯米、粳米各一半煮粥，频繁地食用，就可以治疗了。

---

①裛（yì）：缠绕。

胡萝卜粥

宽中下气，散滞和血。血病人[①]宜之。

【译】胡萝卜粥宽中气，下浊气，消散滞碍，调和血脉。血病人适合吃。

蔓蔓粥

消食健人。中州、河北喜食之。子明目，花同，煮去苦水。

【译】蔓蔓粥帮助消食，使人康健。中州、河北这些地方的人特别喜欢吃。籽可以明目，花也一样，吃之前要把苦水煮下去。

荠菜粥

明目，补肝。子补五脏，明目。

【译】荠菜粥明目，补肝。荠菜籽可以补五脏，明目。

马齿苋粥

治痹，消肿，通大肠，治痢。子煮粥，明目去瞖[②]。

蒲公英粥

下乳，治乳痈。

冬苋菜粥

滑窍，顺胎。即锦葵。痢疾、淋症宜食之。

---

①血病人：血液中有病者。

②瞖（yì 意）：同“翳”。中医指眼球角膜病变后留下的疤痕，能影响视力。

染绛菜粥

滑口，好颜色，和血。即落葵，一名胭脂豆。

巢菜粥

清热，开胃，川名苕子。

藜粥

治癜风，杀虫。

苜蓿粥

嫩蔬入粥。味清美，利脾胃，清内热。子壮目。

蒌蒿粥

可口，悦脾胃。一名秦荻藜，即藜蒿。

茼蒿粥

养胃消痰。自即繁蒿，理气；青蒿镇肝邪。

莙荙粥

健胃益脾，川名牛脾菜。

苦荬粥

下乳，清热。

茴香粥

和胃治疝。嫩叶脆根俱可入，不宜太多。

兰香菜粥

去恶。

芫荽粥

去秽，消食，表疹。多食令人忘。

蕨菜粥

利水。消人阳气，不宜多食。俭岁可充饥。粉微胜。

黄瓜菜粥

通结气，利肠胃，和粥充饥。

辣米菜粥

去心腹冷气，消食，豁冷痰。即熯菜，略汋过入粥。

墨头菜粥

治血痢，生眉发。即旱莲草。止血效。

鼠曲菜粥

调中止嗽，压时气。瀹入。楚名米曲，川名青明菜、大茅香。

甘蓝粥

益腑脏，利经络，令人睡。北人谓之擘蓝。

莼菜粥

滑口，癀热下气。初秋食之，能去伏热。宜风秘人。

荇莱粥

去亢热。即荅、接余。叶如莼而尖长，长随水。

【译】（荇莱粥）去除亢奋躁热。就是荅苢、接余。叶子像莼菜，更尖、更长，长期在水里生长。

频蘋菜粥

止消渴，已劳热，解胸结。即四叶菜、田子菜。

发菜[1]粥

治瘿[2]，利大小肠，除结，乌人发。

【译】治瘿症，通利大小肠，消除结节，使人的头发变黑。

紫菜粥

下气，消瘿。

绿菜粥

清肝、胃热。

水笠子粥

助脾，厚肠根，益气。黄花名萍蓬，白花即睡莲——子午莲也。

蒲蒻[3]粥

去脏邪口气，和血。即蒲黄苗。

芦笋粥

止呕，表痘疹。

---

①发菜：藻类的一种，体细长，色黑绿，呈毛发状。含有丰富的蛋白质、钙、铁、磷等。

②瘿（yǐng 影）：中医指生长在脖子上的一种囊状的瘤子，主要指甲状腺肿大等病症。

①蒲蒻：又名“蒲黄根”“蒲笋”等。为香蒲科植物长苞香蒲等的常有部分嫩茎的根茎。

笋粥

冬笋温中升元气，干笋消痰。鲜笋性各不同，多凉刮人①。

畲粥

开口味，疗饥。咸淡随宜。即范文正所食“黄粥”也。

【译】打开口味，充饥。咸淡随便。就是范文正先生所吃的“黄粥”呀。

炰粥

川中诸寺，杂菜饵之属作粥，名炰粥。见放翁集②。

【译】四川各个寺庙都有，用杂菜饵之类的东西做成粥，起名叫炰粥。参见放翁集。

①刮人：指能刮人肚肠中的油脂。古《笋谱》对笋有“括肠篦”之称。

②放翁集：陆游的诗文集。放翁，陆游的号。其《冬夜与溥庵主说川食戏作》中有句：“未论索饼与馔饭，最爱红糟度炰粥。”

粥品三　蔬食类、檽类[①]、蓏类[②]

山药粥

益肾，补心脾不足，滋肺，辟雾露。零余子[③]功同。

【译】山药粥有益肾脏，补充心脾不足，滋润肺部，辟除雾露。零余子的功效和它一样。

芋粥

厚肠胃，益气，滑口。

羊芋粥

充饥。

红蓣粥

益气，厚肠胃，耐饥。即甘藷[④]。

【译】红蓣粥增益气血，厚实肠胃，能耐饥饿。（红蓣）就是甘薯。

百合粥

润肺止嗽。

地瓜粥

止渴，愈聋。

---

①檽类：檽，即栭（ér），指木上所生的蕈类。《礼记·内则》："芝栭蔆椇（jǔ）。"

②蓏类：蓏（luó），瓜类植物的果实。

③零余子：又名署预子、薯蓣果，俗称山药果。为薯蓣——山药叶腋间之珠芽。其功用与山药相同。

④甘藷（shǔ 署）：即甘薯。其块根通常称红薯、白薯以及番薯、山芋、地瓜等。

甘露子粥

利胃下气。川人呼为地蛹，楚名海螺菜，又名石蚕。

【译】（甘露子粥）有利胃脏，下气。四川人叫地蛹，湖北人叫海螺菜，又叫石蚕。

落花生粥

润肺，止嗽，悦脾。

长寿果粥

宜胃，健脾。出松潘厅及打箭罏[①]。

【译】适合胃脏，健脾。产自松潘厅及打箭罏。

莲子粥

补中，交心肾，固精气，安神志。或研末，或作粉入粥尤佳。

藕粥

令人欢。藕粉入粥，养神宜胃。

鲜荷叶粥

清神，升发胃气，调血，止痢。

莲花粥

清心，轻身。须蕊研末入粥，通心肾，固精养血。

芡实[②]粥

固精气，强志意，利关窍。合粳米煮粥佳，粉尤胜。

---

①松潘厅、打箭罏：四川的两个地名。

②芡实：为睡莲科植物芡的成熟种仁。也叫鸡头、鸡头实、雁头等。味甘涩、平，有固肾涩精，补脾止泄等作用。

【译】稳固精气，增强志意，有利关窍。配合粳米一起煮粥特别好，研磨成粉就更好了。

菱角粥

解内热，粉止渴。宜有热人。

【译】解除内热，磨成的粉可以止渴。适合有热火的人。

荸荠粥

消食磨积。川人谓之地栗，或呼为慈姑。粉尤佳。

【译】帮助消食，磨除积食。四川人称为地栗，或者叫慈姑。粉特别好。

【评】荸荠：北京也叫作"马蹄"，有一款用马蹄做的甜点叫"马蹄糕"。(佟长有)

慈姑粥

解热毒。川人谓之白地栗。

木耳粥

治痢，已痔，理血病。白者补肺气。

【译】治疗痢疾，制止痔发作，通理血病。白色的补肺气。

石耳[1]粥

明目益精。地耳[2]益精，令人有子。

【译】明目益精。地耳益精，可以让人有孩子。

---

①石耳：一名灵芝，石木耳、岩茹。为地衣门植物石耳的子实体。

②地耳：又称地踏菰。生地原野湿地，状如木耳。

香蕈粥

益气，蒂发痘。松蕈治溲数不禁[①]，五台蕈杀虫[②]。

【译】增益中气，根蒂发痘。松蕈治小便不禁，五台山的蕈杀寄生虫。

蘑菇粥

化痰。多食不宜。羊肚菌同。鸡枞[③]止痔。

【译】蘑菇粥化痰。不宜多吃。羊肚菌也一样。鸡枞可以制止痔发作。

榆耳[④]粥

滑口。宜痔，益胃。

冬瓜粥

散热，宜胃，益脾。子益气，醒脾，炒研入粥。

南瓜粥

填中悦口。京中谓之倭瓜。

西瓜子仁粥

清心，解内热。

---

①治溲（sōu 搜）数（shuò 朔）不禁：治疗小便次多、淋漓不止。排泄粪便，特指排泄小便。数，屡次。不禁，止不住。

②杀虫：杀死，打下体内寄生虫。

③鸡枞，伞菌科中的一个蘑菇品种。为著名的山珍，味极且营养丰富。

④榆耳：榆木上生长的木耳。

丝瓜粥

除热。老者入药。入秋勿食。

锦瓜粥

壮阳气。即苦瓜。子味甘。

茄粥

清毒散肿。入秋勿食。

瓠粥

治心热，利小肠，疗石淋。

粥品四 木果类

枣粥

补中益气，和脾胃，助经脉，和百药，调营卫。少少食有益。

【译】枣粥增补中气，益气，调和脾胃，助长经脉，调和百药，调和营卫二气。稍稍吃一点儿有好处。

栗子粥

坚肾，益腰脚，耐饥。榛子及小栗悦胃。

【译】栗子粥坚固肾脏，有益腰、脚，耐饥饿。榛子和小栗子可以愉悦胃脏。

杏仁粥

润肺止嗽。捶细。

桃仁粥

治血痢。

桃脯粥

和胃悦口。苹婆[①]、林檎[②]、杏脯、瓜脯同。

桔粥

润肺。

蜜佛手粥

顺气。橙片、桔饼、香条同。

①苹婆：苹婆果。亦称“凤眼果”“罗望子”“罗晃子”，梧桐科。常绿乔木。果实分为四五个分果，外面暗红色，内面漆黑色。产于我国南部及印度等地。种子可煮食，亦可生食。

②林檎：即“花红”。

梨粥

降火，治热嗽。

柿霜[1]粥

治口疮，化痰，宜痔秘[2]人。

桑仁[3]粥

明目，养肾。

蒲萄[4]粥

驻颜，宜胃。

山查粥

化食，疗疝，磨肉积。

樱桃粥

调血，悦颜，止泄精。

青梅粥

敛肺止泄。乌梅粥解暑收气。

白果粥

温肺，益气，定喘嗽，缩小便，止白浊、肠风，即银杏。

龙眼粥

安神。

---

①柿霜：将柿子制成柿饼时外表所生成的白色粉霜。

②痔秘：痔疮兼有便秘。

③桑仁：桑树果，即桑椹。

④蒲萄：即葡萄。

荔枝粥

治疝，益肝，通神健气。

胡桃粥

润燥养血，生命门[①]火。

木瓜粥

治脚气，理肝风。

橄榄粥

清胃热，软坚。

栎橿子粉[②]粥

止泻痢，御饥。楮子[③]、橡子[④]、榿子[⑤]略同。

甘蔗汁粥

治咳嗽、口干、舌燥。

砂糖粥

白者和中缓肝，赤者温中和血。

腊八粥

都人于十二月八日各以果料作粥相馈。

---

①命门：中医学名词。有指右肾、两肾中间的一个部位、目、一针灸穴位等解释。这儿指两肾中间的一个部位，中医认为“命门”是人体生理功能和生命活动的根源。

②栎橿（jiāng）子粉：栎树、橿树子研成的粉。

③楮（zhū）子：楮树的果实。如橡子，可食。

④子：橡树子，又名橡栗。橡为栎的一种。

⑤榿（qī）子：榿树之果实。

粥品五 植药类

松子仁粥

润肺，滑大肠。

松花粉粥

清心明目。

【评】松花粉：主要是马尾松和油松的花粉。它是松树花蕊的精细胞，也常叫松黄。（佟长有）

柏子仁粥

养心，悦脾，舒肝。去油须净。

酸枣仁粥

治烦，益胆气，令人瞑。

郁李仁粥

润肠，明目。合苡仁煮粥，治心腹肿满。二便不通，气息喘急。

枸杞子粥

益肾气，健人。苗粥①清目清心。

山萸肉②粥

温肝益气，秘精。核泄精③，须去净。

---

①苗粥：枸杞嫩头煮的粥。

②山萸肉：即山茱萸的果肉。

③核泄精：山茱萸的核吃了人会泄精，故必须去净。古人对此有不同看法。如《渑水燕谈录》即有“山茱萸……其核温涩能秘精气，精气不泄，乃所以补骨髓。令人剥取肉用而弃其核，大非古人本意……”的论述。

茯苓粥

清上实下。茯神[①]粥安神健脾。俱去筋。

竹沥粥

豁热痰。

竹叶汤粥

清热。加灯心[②]清心热。

陈茗粥

治食。即老陈茶。

刺栗子粥

煎水煮粥，治淋阁崩带诸症。即金樱子。

松柏粉粥

采带露真松侧柏嫩叶，即日捣汁澄粉，用半匙入粥。碧嫩可爱。

【译】采带露水的真松、侧柏的嫩叶，当天捣汁澄成粉，用半匙的量加到粥里。颜色碧嫩、可爱。

木槿花粥

治头晕、肠风、血阁，令人瞑。

梅花粥

梅瓣洗净，入粥，即食。

桂花粥

悦神。

①茯神：茯苓块中穿有细松根的叫茯神或抱木茯神。

②灯心：灯草心。

木樨糖点粥

开胃畅膈。

桂浆粥

官桂熬水煮粥，祛寒。加蜜和中。桂子粥暖脏。

椿芽粥

畅气，去头风。

榆荚[1]粥

食之多睡。即榆钱。面同。《唐书》，阳城隐中条山，岁饥，屑榆为粥。

【译】榆荚粥吃了爱睡觉。就是榆钱。榆荚面和这个一样。《唐书》里说，“阳城隐中条山，岁饥，屑榆为粥”。

吴茱萸[2]粥

治心腹痛。七粒止。

花椒粥

辟瘴[3]，补命火[4]。不宜多入。

胡椒粥

温中，止痛。研末。少用。

---

①榆荚：榆钱。《本草纲目·木部二》：“榆未生叶的枝条间先生榆荚，形状似钱而小，色白成串，俗呼榆钱。”

②吴茱萸：为芸香科植物吴茱萸的未成熟果实。

③辟瘴：避瘴气。辟，这儿同“避”。

④命火：命门之火。

粥品六　卉药类

黄耆[1]粥

补气虚。见东坡《立春》诗。

蓡[2]粥

治反胃呕吐。用有纹党参拍破，入栗米[3]、薤白、鸡子白[4]煮粥。

诸蓡粥

条参凉补，东参温补，西参清补。

沙蓡[5]粥

补脏阴，疗肺热。“荠苨[6]粥”，明目，解百毒，和中。切片入。即杏叶沙参。

地黄[7]粥

滋阴益水。古名“苄”[8]，性义从之。加熟蜜食，利血

---

①黄耆：又名黄芪（qí），是一种属于豆科的多年生草本植物，根部做药用。有补气、止汗、生肌、利尿等功效。

②蓡（shēn）。

③栗米：疑为粟米。

④鸡子白：鸡蛋清。

⑤沙蓡：亦名沙参，分南北二种。北沙参是一种属于伞形科的多年生草本植物，南沙参是一种属于桔梗科的多年生草本植物，均以根部入药，有润肺、生津、祛痰、止咳及清肺热等功效。系滋阴药。

⑥荠苨：苨（nǐ）。

⑦地黄：是属于玄参科的多年生草本植物，以根入药，又因制法不同而分为生地黄、干地黄、熟地黄，功效亦有区别，比较而言，生地黄的功效偏于清热凉血；干地黄既能清热，又有滋补功效，熟地黄则偏于滋补。

⑧苄（hù户）：地黄的古名。《尔雅·释草》：“苄，地黄。”

生精。见《臞仙神隐》[1]。

地黄花粥

治腰脊风虚作痛。

何首乌粥

驻颜，益肾，宜子，治疮尤效。

黄精[2]粥

填精益脏。

萎蕤[3]粥

治肺虚少气，泽肌肤，疗眥烂[4]泪出，去风。即玉竹。

苁蓉[5]粥

治劳伤、羸黑。煮烂，和羊肉煮粥，空心食。

天冬[6]粥

治热咳。

---

①《臞仙神隐》：书名。明代朱权撰。其卷下《十月·修馔》中有“地黄膏”及“蜜煎地黄”。

②黄精：是一种属于百合科的多年生草本植物，以根茎入药。有补气、润肺、生津等功效。

③蕤（wēi ruí 威锐）：用玉竹。是一种属于多年生的百合科的草本植物，以根茎入药。

④眥（zì 自）烂：烂眼角。眥，上下眼睑的接合处，靠近鼻子的叫内眥，靠近两鬓的叫外眥。通称眼角。

⑤苁蓉：即肉苁蓉。为一种属于列当科的一年生寄生性草本植物，以肉质茎部入药。有补肾、助阳的功效。

⑥天冬：天门冬的简称。为一种属于百合科的多年生蔓草植物，以根入药。有滋阴、清热等功效。适用于肺热干咳无痰等症。

麦冬[1]粥

治心热、翻胃、口渴。

兔丝子[2]粥

补卫气。

乌苓粥

益人。即兔丝根[3]。白苓、鸡肾子[4]补肾。以上并出川中。

蒺藜[5]粥

轻身明目，肥健人。沙苑出者良。研末入粥。

香五加[6]粥

通肾气，利筋骨。嫩叶入粥佳。

竹节参[7]粥

补中，利筋骨。四季参清补，漏芦参[8]清下。

佛掌参粥

补肾益精。出口。即朱辽参。

---

①麦冬：麦门冬的简称。为一种属于百合科的多年生草本植物，以根入药。有润肺、滋阴、生津等功效，适用于肺虚干咳、口渴、津液缺乏等症。

②兔丝子：即菟子。为菟丝的种子。有补肾固精、养肝明目等功效。

③即兔丝根：对乌苓的补充说明。

④鸡肾子：即鸡肾草，又名腰子草、双草、肾经草等，性味甘、温，有补肾壮阳的功效。

⑤蒺藜：中药。分潼蒺藜，白蒺藜等。潼蒺藜又名“沙苑蒺藜”，简称“沙苑子”，是扁黄芪的种子。有补肾、固精、养肝、明目等功效。白蒺藜，又名蒺藜，是属于蒺藜科草本植物的果实，有祛风、平肝、解郁等功效。

⑥五加：五加皮。一种中药。系将五加树的树皮根皮剥下，经干燥而成。有强壮筋骨、祛风湿、止痛等功效。

⑦竹节参：即竹叶参，又名白龙须、竹叶七、石竹根、白根药、小竹根等。为百合科植物广东万寿竹的根及根茎。性味苦、辛、凉。有清热解毒，舒筋活血的功效。

⑧漏芦参：即中药漏芦。有清热解毒，消肿排脓，下乳，通筋脉的功效。

粥品七 卉药类

菊花粥

明目养肝。白清肺，黄理气。

牡丹花粥

活血养营①。

芍药花粥

白者行血中气。

萱草花②粥

解郁，明目，利膈，治黄胆。红花③者，山丹，凉积血。

荼花④粥

清芬醒脾。

木香花⑤粥

清芬醒脾。

藤萝花粥

通滞和血。

【评】藤萝花：北京各王府均种植有藤萝架，均在春开

---

①养营：中医学名词，即养气营血之意。

②萱草花：俗称黄花菜等。

③红花：红花红，即山丹的异名。其性味甘，凉，无毒。有活血等效用。

④荼（tú 途）花：荼树上开的花，色白，味香。

⑤木香花：木香树上开的花。色黄或白，味香。

紫色花朵，此花清香可食用，不但可制粥，也可以制成藤萝饼。（佟长有）

兰花粥

解心郁，和心气。根清上理中，叶利水消肿。泽兰[①]散郁和血。

蜜粥

熟蜜和中，生蜜润脏。

天花粉[②]粥

祛热沁膈。

贝母粥

畅肺止咳。作粉良。

半夏曲[③]粥

治嗽通痢。

茵陈[④]粥

逐水湿，疗黄病。

【评】茵陈：北京冬末、春初正是采茵陈的时节，在向阳的城墙根儿处最多。北京人称“正月茵陈，二月蒿，三月、

①泽兰：又名“虎兰”“龙枣”“小泽兰”等。为唇形科植物地瓜儿苗的茎叶。

②天花粉：冬天挖掘出的瓜蒌的根。具有清热，解渴以及解毒、消肿等功效。

③半夏曲：将半夏研成细粉，加入生姜汁及面粉，经过发发酵而成。有和胃、止呕、化痰、止咳等功效。

④茵陈：即茵陈蒿。为一种属于菊科的多年生草本植物，以嫩茎和叶入药。有利尿，清湿热的功效。

四月当柴烧”，茵陈可泡酒，治疗关节疼痛。（佟长有）

牛膝[①]粥

嫩苗叶茹为粥，治血淋。

芣苢[②]粥

治老人热淋。即车前子。煮汁，取烹青秫米作粥食。

决明子[③]粥

为末入粥，治久失明。叶瀹过作粥，明目。

蓝[④]汁粥

治喘嗽，息有声，唾粘。浸叶捣汁，和杏仁泥作粥。

地肤[⑤]粥

苗[⑥]炸过入粥，除风热；子[⑦]研入粥，益精？

紫苏[⑧]粥

解寒热，利老人脚气。苏子粥下气，利膈，肥人。

---

①牛膝：为一种属于苋科的多年生草本植物，以根入药。有活血怯瘀等功效。

②芣苢（fú yǐ）：车前。以全草及种子入药。全草叫车前草；种子叫车前子。车前草有利尿、渗利水湿等功效；车前子有利尿，渗利水湿，清泄湿热等功用。

③决明子：为豆科一年生草本植物决明的种子。有清热、明目、利尿等功效。

④蓝：即蓝实，又名蓝子。为蓼科植物蓼蓝的果实。性味甘、寒，有清热解毒功效。

⑤地肤：为藜科植物。以苗、子入药。

⑥苗：地肤苗，为地肤的嫩茎叶。性味苦、寒。有清热解毒，利尿通淋功效。

⑦子：地肤子。地肤的果实。性味甘苦、寒。有利大便、清湿热的功效。

⑧紫苏：为一种属于辱形科的一年生草本植物，以茎、叶、种子入药。茎、叶叫紫苏叶，简称紫苏。种子简称苏子。

芎䓖[1]苗粥

治血通气，辟恶除风。

荆芥[2]苗粥

醒脾，去胃风，辟恶除风。

防风[3]粥

治风邪头疼。白乐天在翰林尝赐食，口香七日[4]。

紫菀[5]苗粥

治风寒咳嗽。

葛根[6]粥

去烦渴。粉安胃解热。

大麻仁粥

治秘，通淋。宜老人。研碎，水滤取汁，入粳米、椒、盐、豉。

向日葵粥

开胃通滞。

---

①芎䓖（xiōng qióng）：即川芎，一种中药。产于四川、云南等地。根茎可以入药，有调经、活血、止痛等作用。

②荆芥：是一种属于唇形科的一年生草本植物。以茎、叶及花穗入药。有发汗，退热，祛风等功效。

①防风：为一种属于伞形科的多年生草本植物。以根入药。有发汗、祛风、止痛及解痉等功效。

②“白乐天”句：见《云仙杂记》：“白居易在翰林，赐防风粥一瓯。剔取防风，得五合余。食之，口香七日。”

③紫菀：为一种属于菊科的多年生草本植物，色紫。以根茎、须根入药。有祛痰、止咳等功效。

④葛根：豆科多年生蔓草葛的根。有发汗、解热、解渴等功效。

粥品八　动物类

燕窝粥

清补。宜肺宜脾，宜富贵家老人。

麋角霜粥

治下元虚冷。加盐花少许。

黄鸡粥

补肝脾。见东坡诗[①]。

猪羊肾粥

补肾虚。

鹿肾粥

补肾虚，健阳。

羊肝粥

补肝明目。

鸡肝粥

补肝明目。

鸭汁粥

治水肿。煮汁用。

鲤鱼粥

治水肿，煮汁用。

---

①见东坡诗：苏东坡《闻子由瘦》："五日一见花猪肉，十日一遇黄鸡粥。"

牛乳粥

大补虚羸。

酥粥

润肺补虚。

酪粥

润肺补虚。

乳粥

虚症垂危，艰于饮食者和粥热饮。然非大人应食之物。

素食说略

〔清〕薛宝辰　撰
王子辉　注释

自 序

夫其脯干脍湿[①]，罗几案以重珍；濡[②]鳖蒸羔，佐盘餐以兼味。食指动而频染[③]，朵颐[④]纷其可观。心或未厌，腹诚不负矣。虽然，逼砧斧而碎胆，临鼎镬以危心。人物之灵蠢则殊，生死之喜畏则一。操刀必试，惨矣屠门夜半之声；毂[⑤]转无停，悲哉元长[⑥]羹中之内。生机贵养，杀戒宜除。宁有待与？未可缓也。是则於百味绝其腥鲜，即众生捐其苦恼。竞谢肉食之鄙，咸以蔬飧为宜。皤发放翁[⑦]，喜蒸壶[⑧]如鸭之烂；青阳少宰[⑨]，致豆腐有羊之名[⑩]。遂陈雅供於斋厨，仍食人间之烟火。何事烹肥割胾[⑪]，得俄顷之甘腴。致令山畜山禽，罹无穷之

①脯（fǔ）：熟肉、干肉，或干果。此处指肉类。脍：细切的肉。

②濡（rú）：《礼记·曲礼》："濡肉齿决。"郑注："濡，烹煮以其汁调和也。"

③食指动而频染：意为不断地吃到好的东西。《左传》："楚人献鼋（大鳖）于郑灵公。公子宋与子家将见（郑灵公）。子公之食指动，以示子家，曰：'他日我如此，必尝异味。'及人，宰夫将解（宰杀）鼋，相视而笑。（郑灵公）问之，子家以告，及食大夫鼋，召子公而弗与（给）也。子公怒，染指于鼎，尝之而出。"

④朵颐：面颊动，口腔咀嚼的形象。朵，动的意思。颐，面颊。

⑤毂（gǔ）：车轮的中心部分，有圆孔可以插轴，这里指进出屠宰场的车子。

⑥元长：即宋徽宗时的户部尚书兼中书侍郎蔡京，字元长。据《庚溪诗话》记载："蔡元长既贵，享用侈靡，喜食鹑，每膳杀千余"，故有"作君羹中肉，一羹数百命"之说。

⑦皤（pó）：白。放翁，是诗人陆游中年入蜀后的别号。

⑧壶：瓠瓜。

⑨青阳：地名。少宰：县令称宰官，小于县官的称少宰。

⑩致豆腐有羊之名：《清异录》"时戢为青阳丞，洁己勤民，肉味不给，日市豆腐数个，邑人呼豆腐为小宰羊。"致，因而。

⑪胾（zǐ）：大块的肉。

惨劫。惟是肥腯[①]为恒情所同嗜，淡泊非尽人所能甘。必使强以所难，或且视以为苦。然而烹调果挟妙法，治具诚有殊能。虽无禁脔侯鲭[②]，识味或同于滋膳；只此畦蔬园蔌[③]，致餐竟美于珍羞。简淡者固无不可以乐从，馋饕者或亦相率而变计矣。于是技擅烹煎，如缙韦巨源之《食谱》[④]；气涵芬馥；俨披杨万里之蔬经[⑤]；菔儿芥孙[⑥]，不逊何曾[⑦]之饱；烟苗雨叶，仍充薛包[⑧]之饥。馩馧[⑨]溢于齿牙，芳洁清其肠胃。扪腹而有余饫[⑩]，宁殊凫臛熊蹯[⑪]。适口而无羶荤，衹此青菘紫苋。蔬笋自饶风味，佐颐养以清供。禽一任飞潜，得眼前之生趣。

---

①腯（tú）：肥壮（指猪）。

②禁脔（luán）侯鲭（zhēng）：晋元帝即位前，镇守建业（今南京）时，财用不足，每得一猪，都看作珍膳。猪的项上肉味极美，部下都留给他，别人都不敢吃，称为“禁脔”。后用以比喻别人不许染指的独占物。脔，切成块的肉。侯鲭，指五侯鲭。《西京杂记》：“五侯不相能，宾客不得来往。娄护善辩，传食五侯间，各得其欢心，竞致奇膳。护乃合以为鲭。世称五侯鲭。”鲭，鱼和肉的杂烩。

③蔌（sū）：蔬菜的总称。

④缙（fān）：同“翻”。韦巨源：唐京兆万年县人，官拜左仆射时曾在其家为唐中宗设“烧尾宴”。他留下的烧尾宴食谱所载的菜点，被誉为唐代的珍馐。

⑤俨：恭敬。披：打开。杨万里：南宋诗人。

⑥菔儿芥孙：苏轼有句诗曰：“芦菔生儿芥有孙。”菔，莱菔，即萝卜。芥，芥菜。种子味辛辣，研成细末，可调味。

⑦何曾：西晋大臣。他生活奢侈，日食万钱，还说“无下箸处”。

⑧薛包：东汉汝南人。以重孝悌、安清贫闻名。

⑨馩：香。馧：香。

⑩饫（yù）：饱。

⑪凫（fú）：水鸟名。俗称“野鸭”。臛（huò）：肉羹，亦谓做成肉羹。熊蹯（fán）：熊掌。

增口福以清福，俾素飧如盛飧。愿师德士之伊蒲[1]，同炊蔬饭；敢藉幽人之不律，聊贡刍词。

丙寅年春二月清明前三日 薛宝辰

【译】人们将干脯湿脍摆满餐桌，显得特别爱好这些珍贵肴馔，还要煮鳖蒸羊，更给饭桌上增添了许多的美味。不断地吃着，因而大快朵颐，心里也许并不满足，还想多吃些，无奈肚子确实再装不下了。

可是禽畜在被宰杀时害怕得肝胆碎裂，快要下锅时也是胆颤心惊，人与禽畜的聪明和愚笨是不同的，但恋生怕死的心理却是一样的。屠夫总不放下屠刀，真惨啊，屠宰场半夜不断传出禽畜的哀号；进出屠宰场的车轮不停转动，可悲啊，蔡元长吃一次鹑羹就送掉千百条性命。生命重在养活，杀生应当禁止。这怎么能等待呢？实在不能再拖延了。

如果在一切食物中绝不用荤腥，世上的生灵便可免除苦恼；大家都轻视并且不吃肉食，也就都认为素食是最相宜的了。年老的陆游，喜欢把瓠瓜蒸得烂熟当作蒸鸭一样；时戢担任青阳丞，使豆腐也可以媲美羊肉。厨房中都是清素的食品，却并非不食人间烟火。何必一定要烹煮肥腻的食品吃大块的肉，追求片刻的口腹享受，致使水陆生灵遭受没完没了的惨

---

①德士：和尚。《释门正统》："宋宣和六年，诏革释氏为金山，菩萨为大士，僧为德士。"伊蒲，伊蒲塞，即优婆塞。《后汉书》："以助伊蒲塞桑之盛馔。"本文伊蒲指伊蒲馔，即佛寺的素筵。《名山记》："谢东山游鸡足山记曰：'山之绝顶一僧，洛阳人，留供食，所具皆佳品。'予谓野亭曰：'此伊蒲馔也。'"

杀呢？

自然，爱好肥美的肉食是人之常情，清淡的素食不是所有的人都能甘心食用的。如果一定要强迫人们去吃他不喜欢吃的东西，也许被看作一种痛苦。可是如果你掌握了做素菜的烹调方法，做菜的确有特殊的技巧，那么，虽然不用晋武帝的禁脔和汉代的五侯鲭，也能做出跟这些美味一样的味道；即使是一般蔬菜，吃起来也完全可以胜似美馔佳肴。习惯于素食的人固然爱吃，就连那些老饕们也会跟着改变原来的爱好了。所以说，只要擅长烹调的技艺，就能再现韦巨源《食谱》中的珍羞；闻到素食蕴含的芬香，简直如同打开杨万里的蔬菜食单；脆嫩的萝卜、芥菜，并不比何曾日食万钱所吃的东西差；肥美的蔬菜，足以使德高贫困的薛包充饥。浓郁的菜香使齿牙芬芳，爽洁的味道使肠胃为之清爽。肚子能吃得饱饱的，不是也如同吃野鸭羹和熊掌一样吗？味道可口而又没有腥羶之气，就只有这些白菜苋菜了。蔬菜本来就富有风味，既提供了清爽适口的食品，又可以保养身体。让那些禽鱼任意的飞翔和潜游吧，使人们欣赏到生机的乐趣；用素食来增加人们的清福吧，使素席胜似盛筵。因此，我愿学做僧人佛寺中的伊蒲馔，一同来做素食；我冒昧地借用隐逸者的笔，姑且献上自己这些粗浅的议论。

丙寅年春二月清明前三日　薛宝辰

例言

肉食者鄙，夫人而知之矣；鸿材硕德[①]，未有不以淡泊明志者也。士欲措[②]天下事，不能不以咬菜根[③]者勉之。至于坚固善本[④]，具足檀那[⑤]，其戒杀、不茹荤酒，持律大都如是，无庸饶舌。

“莫不饮食，鲜能知味。”圣言非无故也。饮食之味，能适于口，饮食之精，始获有益于体；非第求其甘美而已。然非于甘美求之，其精者胡以寓[⑥]焉？烹调之法，固不可以不讲求也。

日餍肥脓[⑦]，而劝以蔬飧，似强人以所难。虽然，同一露苗雨甲[⑧]，而调治如法，味或等于珍羞，亦易从也。余固非于阇黎钟[⑨]前，为“香积厨[⑩]说”作法也。或者招提、精

①鸿、硕：这里均为大的意思。

②措：安置、处理的意思。

③咬菜根：指清贫的生活。《见闻录》：“汪信民尝言：人常咬得菜根断，则百事可做。”

④坚固善本：佛家语，善本也叫善根。《维摩经燕萨行品》：“不惜躯命，种诸善根。”注：“谓坚固善心，深不可拔，乃名根也。”坚固善本，指那些坚持修行的佛教徒。

⑤具足檀那：指那些履行具足戒条、虔诚施舍的佛教徒。具足，佛教名词。另称“大戒”，僧尼所受戒律之称。认为这样的戒条是完全充足的，故名。檀那，梵语，也叫陀那，施舍的意思。

⑥寓：寄托。

⑦日餍肥浓：每日吃饱肥腻的东西。餍，为饱、满足的意思。

⑧雨：一般植物初生时的名称。甲：草木萌芽时的外皮。

⑨阇（shē）黎钟：即寺钟。阇黎，梵文译音，意指可为众僧规范的高僧。

⑩香积厨：佛教名词。指僧寺的食厨。

舍[1]，见采择焉，又余之所深愿也。

余足迹未广，惟旅京为最久。饮食器用，大致以陕西、京师为习惯；而饮食尤甚。故所言作菜之法，不外陕西、京师旧法。

此编所列菜蔬，俱习见及予尝食者，其难得者缺焉。如莼菜、雍菜、贾达罗勒[2]之类，非不屡食，然非北土所生，故不采及。蔬菜、果蓏[3]，天所生以养人，宜熟宜生，各有专长。桃、梨、桔、柑、蒲桃[4]、苹果，色香与味俱臻绝伦。而食者以油炸之，以糖煮之，使之清芬俱失，岂非所谓暴殄者乎？如此之类，概不采入。

烹、煎、炒、炙，养生者所忌，以其火气重也。余谓茹荤者之烹、煎、炒、炙，火气诚重。其弊要在肉皆半生，为与脾胃无益，非尽在火气也。若素菜，则止藉烹、煎、炒、炙以助其味，而绝无半生之弊，故详其法。

菜之味在汤，而素菜尤以汤为要。冬笋、摩姑，其汤诚佳，然非习用之品。胡豆[5]浸软去皮煮汤，鲜美无似。胡豆芽、黄豆芽、黄豆汤次之。惟莱菔与胡莱菔同煮作汤，最为浓腴。

---

①招提：寺院的异称。精舍：佛舍。《晋书·孝武帝纪》："帝初奉佛法，立精舍于殿内，引诸沙门以居之。"

②贾达：何物不明。罗勒：也叫萝艻，唇形科，产于我国南方。古代曾像吃芫荽一样，以之作为食品的调味用，今用提香精等。

③果蓏（luǒ）：瓜、果的总称。蓏，瓜类植物的果实。在木曰果，在地曰蓏。

④蒲桃：即葡萄。

⑤胡豆：蚕豆。

各菜皆宜，久于餐蔬者自知之。余编中所称高汤，指以上各汤而言。

酒为持斋者之大戒，以其能乱性也。余于蔬菜中应用料酒者，每言及之，以仅用少许，尚无大碍。且余此编，固非第为持斋者言之也，治具者斟酌用之可也。

畏死贪生，人物无异。“见其生不忍见其死”，子舆[①]氏之言，诚至言也。无罪而死，于家畜且恻然矣。有一盂羹，而无数物命为废者焉！下咽以后，固属索然。试思其飞潜动跃时，为何如？被捕获时，为何如？受刀椹[②]时，为何如？或亦有悽然不忍下箸者乎？余固不能不以食蔬为同人劝也。世有大善知识[③]，以广长舌为众生导师[④]，俾人人有不忍之心焉！尤余所歧望已[⑤]。

丙寅春 编者自识

【译】**只知道吃肉的达官显贵往往品德才能低下，这是人人都知道的；具有真才实学而又德高望重的人，没有不是以淡泊表明他的志向的。大凡想干一番事业的志士仁人，不**

---

①子舆：即孟轲。

②椹（zhēn）：同“砧”。

③大善知识：佛家语。指能了悟一切，知识高了庸众的人。《华严经》：“善知识者，是我师父。”

④广长舌：指能言善辩。《华严经》：“菩萨以广长舌，一音中现无量音，应时说法。”又见《法华经·神力品》：“现大神力，出广长舌，上至梵世。”导师：大导师，佛菩萨的称号。因为他能指导众生，使他们超脱生一死。《经摩经·佛国品》：“稽首一切大导师。”

⑤岐望：即期望的意思。“已”：似应作“也”。

能不以艰苦的精神来磨砺自己。至于崇信佛教，坚持佛家戒律者，他们戒杀生，不吃荤，不饮酒，生平所持的戒律，大都如此，用不着多说了。

“人没有不饮食的，但却少有人能懂得真味。”先哲的这些话不是没有道理的。饮食的滋味，要可口，饮食的营养才能被人体吸收增进健康，并不是单纯追求味道鲜美。如果不通过美好的味道去追求，它的养分怎么能获得呢？烹调的方法，实在不能不讲究啊！

每天饱吃肥腻的人，劝他去吃素，好像有点强人所难。可是，用同样的蔬菜，如果烹调得法，它的味道简直和珍馐一样，这时再劝人家吃，就容易被接受了。我并不是站在寺钟前为僧寺的“香积厨”作宣传。如果有人因此选择寺院的素斋，这确实是我的夙愿啊！

我走过的地方不多，只是在北京住的时间长。饮食和使用的器物，大多是陕西和北京的习惯；尤其在饮食方面，更是这样。所以，本书所谈的做菜方法，不外乎都是陕西和北京的传统方法。

本书所列举的菜蔬，都是常见的和我曾经吃过的，至于难以得到的，统不录入。例如莼菜、蕹菜、贯达、罗勒这些菜，并不是我不常吃，因为不是北方产的，所以没有列入。蔬菜瓜果，都是自然界生长供人食用的，适合熟食还是适合生吃，都各有它们的特点。桃、梨、橘、柑、葡萄、苹果，颜色、香气和味道都达到了登峰造极的地步。但有的人却用油炸、糖煮，使它们的清香丧失殆尽，这难道不是暴殄天物吗？像这一类的做菜方法，一概不予采用。

烹、煎、炒、炙，是讲究养生的人所禁忌的，因为这几种烹调方法火气太重。我认为吃荤腥菜的烹、煎、炒、炙，火气确实很重。它的弊病主要在于肉都是半熟的，对脾胃没有好处，还不是完全在火气上面。如果是素菜，只不过借助于烹、煎、炒、炙来增长它的味道，绝不会有半生半熟的弊病，因而详细记叙它们的烹调方法。

菜的味在于汤，素菜尤其以汤为关键。冬笋、蘑菇的汤固然很好，但并不是经常可以吃到的。把蚕豆泡软去皮煮成汤，鲜美得很，无法比拟。蚕豆芽、黄豆芽和黄豆汤便比较差了。只有萝卜和胡萝卜同煮做汤，味道特别醇厚而肥美。各种菜蔬都可以用来做汤，经常吃蔬菜的人当然是知道的。我编的这本书中所说的高汤，就是指以上的各种汤说的。

酒是吃素信佛者最大的戒律，因为它能迷乱人的性情。我在菜蔬烹调中提到该用料酒时，常常说到那不过用一点儿，还没有什么大的妨碍。况且我这本书，并不是专为佛门弟子讲的，做素菜时酌量用一些酒是可以的。

怕死贪生，人和动物没有什么不同。“看到它们活着，不忍看到它们死去”，孟子的这句话，的确是至理名言。无罪而让它死掉，就是对家畜，也是不忍心的啊！有这么一盆羹汤，是用无数生命换来的，即使把汤喝下去，也会感到没有味道啊！试想想，当这些生物在飞翔游动跳跃的时候，是什么样子呢？被捕获时，是什么样子呢？将它们送到刀砧上时，又是什么样子呢？想到这些，也许会有人心里难过，不忍心动筷子吧！因此，我总不能不劝人们去吃素食。世上如果能有像佛祖那样的人善于说理引导大家，从而让人们都有不忍之心，尤其是我所期望的。

丙寅春 编者自识

卷一

制腊水

腊月内，拣极冻日，煮滚水，放天井空处。冷透收存，待夏月制酱及造酱油用。此为腊水，最益人。不生蛆虫，且经久不坏。

【译】腊月的时候，找最冷的一天，把水烧开后，放在院子里。待冷透以后保存起来，等到夏天用来制作酱和酱油。这就是腊水，对人十分有益。不生蛆虫，放很久都不会坏。

造酱油

用大豆若干，晚间煮起，煮熟透。停一时，翻转再煮，盖过夜，次早将熟豆连汁取起，放筛内。俟汁滴尽，用麦面拌匀，于不透风处，用芦席铺匀。将楮[1]叶盖好。三四日，俟上黄取出，晒略干，入熟盐水浸透。半月后可食。或再煮一滚，入坛内泥好，听用。每豆黄一斤，配盐一斤，水七斤。若是腊水酱豆，取起，收瓷坛内，经年不坏，再入茴香、花椒末更佳（原注：米半，蒲满切，屑米饼也。《荆楚岁时记》：“三月三日取鼠麦曲汁蜜和粉，谓之龙舌。”米半，取相和意，近人每书此字作拌字，音义全非）。

【译】取一定量的大豆，晚上开始煮，直到其熟透为止。停一会儿，将豆子翻一下再煮，煮过之后不要打开锅盖，放

①楮（chǔ 楚）：木名，即“构”。楮皮可制桑皮纸，因此为纸的代称。

一晚上。第二天早上将煮熟的豆子连汤一起倒进筛子里，汤汁控干净后，加入麦面搅拌均匀，找一个不通风的地方，均匀地铺在芦席上，再用楮叶（构树的叶子）盖好。放三四天，等到表面变黄以后取出来，晒到稍微干的程度，浸泡在烧开后的盐水里。半个月以后就可以食用了。也可以再煮开一次，放在坛子里用泥封好，备用。加工好的豆黄每斤配一斤盐，七斤水。如果是用腊水来煮豆子（制作酱油），保存在坛子里，放再久都不会坏，再放入茴香、花椒末等调料，味道更好。

造米醋

小米一斗，煮成浓粥，倾入大缸，入酒曲末一斤许，和匀发之。如嫌发迟，可加烧酒少许。俟发过起泡，以麦麸和匀，置大箩中，以厚被覆之。俟其发热，又复搅凉。再覆再搅。至尝之醋味甚浓，则成矣。可入淋瓮淋之。头淋甚酽，二淋、三淋则渐淡矣。大瓦瓮于底之侧旁，穿一小孔，又削木锥以窒其孔。实醋料其中，以水浸之，俟醋味尽出，然后稍升木锥，令淋出。

【译】取一斗（约为十升）小米，煮成浓粥的样子，倒进大缸里，放入一斤左右酒曲末，搅拌均匀并让其发酵。如果觉得发酵速度慢，可以稍加入一点烧酒。表面起泡后，再加入麦麸搅拌均匀，放在大箩筐里，拿一条厚被子盖在上面。等到它发热以后，再搅拌使它变凉，反复几次，直到醋的味道十分浓郁（直到能闻到很浓的醋的味道），就大功告成了。

将它放入淋瓮里淋，第一次淋出来的汁液很浓，第二次、第三次就逐渐变淡了。在大瓦瓮靠近底部的瓮身上打一个小孔，再削一个木锥将小孔堵住。在瓮里填满醋料，加水浸泡，等到醋的味道充分释放出来，然后将木锥抬起（取出），让醋流出（淋出）。

熬醋

以淋过醋入大锅中，加盐少许，再入大茴香、花椒末熬之。熬至水气略尽，晾冷收之。味佳，久藏不坏。

【译】将已经淋好的醋放入锅中，加少许盐，再放入茴香、花椒末一起熬制，水分基本上蒸发完后，晾冷，保存起来。味道极美，放再久都不会坏。

造酱

用小麦面若干，入炒熟大豆屑，不拘多少，滚水和，揉成饼，按二指厚两掌大。蒸熟晾冷，于不透风处放芦席上铺匀，上用楮叶盖厚。俟黄上匀为度，去浮叶翻转一过，黄透，晒一二日。捣成碎块，入盐水内成酱。酱黄入盐水后，每日早间，用竹把搅一次。半月后磨过即成，无庸再搅矣。酱造成，总得磨过，否则内有颗粒，味便不佳。酱要三熟，谓饼得蒸熟，熟水调面，熟水浸盐也。每酱黄十斤，入盐三斤，水十斤，盐亦要炒熟（原注：炒，楚绞切，音吵，煎也，俗作炒）。

【译】取一定量的小麦面，放入炒熟了的大豆末，量可多可少，用开水和好，并按成大小约二指厚两掌长饼状。蒸熟后晾凉，找不透风的地方，均匀地铺在芦席上，上面用楮叶盖好。等到上面均匀地有一层黄色，拿开上面的楮叶，翻一次，直至黄透，晒一两天后捣成碎块，放入盐水里浸泡。酱黄放入盐水以后，每天早上用竹棍搅拌一次。半个月以后用磨磨完就可以了，不需要再搅动了。要想做成酱，就一定要磨，否则里面有颗粒，口感不佳。做酱要求"三熟"，即饼要蒸熟，开水和面，泡盐和酱黄的水也要用开水。每十斤酱黄，放三斤盐，十斤水，盐也要炒熟。

腌菜

白菜拣上好者，每菜一百斤，用盐八斤。多则味咸，少则味淡。腌一昼夜，反覆贮缸内，用大石压定，腌三四日，打缸装坛。

【译】选品相最好的白菜，每一百斤菜，用八斤盐。多了就太咸，少了又淡了。腌二十四小时，翻过来放在缸内，用大石块压住，再腌三四天，装在坛子里备食就可以了。

【评】腌菜：此腌菜方法是"爆腌"，不宜久储，适用于家庭在调剂餐桌饮食变化和不时之需。吃的时候可以加入红油、香醋、花椒油、香油等调料拌匀来改善、调理滋味，也可以适量加些如豆腐干、干果仁之类的混拌来增加香味、变化齿感、增强营养。

如当下连锁餐饮企业、机关食堂用此法丰富菜肴品种，应增加盐的用量，最好提高一倍。还需另加熬好的盐水，比例10：1为宜。将白菜劈成四半，放入缸内，分层加盐，顶盐要多，然后加入盐水，压上洁净石块，每日倒缸一下，连倒三次，半月后即可。（牛金生）

腌五香咸菜

好肥菜，削去根，摘去黄叶；洗净，晾干水气。每菜干斤，用盐十两，甘草六两，以净缸盛之，将盐撒入菜桠[1]内，排于缸中。入大香、莳萝[2]、花椒，以手按实。至半缸，再入甘草茎。俟缺满用大石压定。腌三日后，将菜倒过，扭去卤水，于干净器内别放，忌生水，却将卤水浇菜内。候七日，依前法再倒，仍用大石压之。其菜味最香脆。若至春间食不尽者，于沸汤内瀹[3]过，晒干，收贮。或蒸过晒干亦可。夏日用温水浸过压干，香油拌匀，盛以瓷碗，于饭上蒸食最佳，或煎豆腐面筋，俱清永。

【译】选取品相好的肥菜，切根，摘去黄叶，洗净，晾干水分。每十斤菜，用一斤盐，六两甘草。把菜放进干净的缸里，撒上盐，放入大香、莳萝、花椒，用手按实，放到半缸（一半）时，放入甘草茎。最上面用石块压住。腌制三天以后，将菜取出，拧干卤水，放在其他干净的容器内。不能倒入没有烧开的水，还用卤水倒在菜里。再过七天，按照之

①桠：丫的异体字，树木或物体的分叉。

②莳萝：亦称“土茴香”。伞形科。多年生草木。果实椭圆形，也可以做香料。

③瀹（yuè）：浸渍。用汤来煮食物也叫瀹。

前的方法再做一次，仍然用大石块压住。菜的味道会非常香脆。如果春天吃不完，就用开水煮过以后，晒干后保存。也可以蒸过后晒干保存。夏天时用温水泡开，加香油拌匀，放在瓷碗里，放在米饭上蒸着吃都好，也可以和豆腐、面筋一起煎着吃，都很爽口。

【评】腌五香咸菜：此法是腌雪里蕻的良方，变化后即是云南大头菜和四川涪陵榨菜的腌制方法。（牛金生）

煮腊豆

腊月极冻日，将晒半干腌菜切碎。用大豆不拘多少，黑大豆尤佳。大约六分豆，四分菜，一分红糖，一分酒，同入锅内。加菜卤若干，比豆低半指，煮干停一时，用勺翻过煮透。取出，铺匀，晾冷，收坛内，可吃一年不坏，且益人。煮时须加花菽、大小茴香。

【译】腊月最冷的一天，将晒到半干的腌菜切碎，用大豆多少都可以——最好是黑大豆。按照六成豆、四成菜的比例，加一成红糖、一成酒，一起倒入锅中，加入一定量卤菜水——比豆的高度低半指，煮完后等一会儿，用勺子翻一下再煮，直至熟透。取出后平铺好晾冷，放在坛子里，可以吃一年而不会腐坏，而且对人十分有益。煮的时候要加花椒和大、小茴香。

【评】煮腊豆：这种方法现在南、北方的家庭中依然可见，也是年节家庭餐桌上的压桌小菜。老北京人在烹制此菜时，加入摘选后、擦洗干净的干黄豆和笋干、五香料、姜葱、咸汤清水(文中菜卤就是经熬煮的咸汤)慢火煨煮到豆熟笋香后。收浓汤汁，加上香油和匀，即为“笋豆”。（牛金生）

腌莴苣

即莴笋。每一百根，去皮、根，用盐一斤四两，腌一夜，次日晒起，将盐卤倾出，煎滚，晾凉，复入莴笋内，如此再二次。取出，晒干，收坛内。以花椒、茴香或玫瑰花拌之，味更香美。腌莴笋卤，可以经久不坏，最益人。莴笋叶腌过晒干，夏月拌麻油饭上蒸熟，最佳。且能杀腹中诸虫，尤为益人。

【译】莴苣就是莴笋。切掉皮、根后的莴笋，每一百根配一斤四两盐。腌一晚上，第二天早上将盐卤倒出来，烧开后再晾凉，然后倒入莴笋里继续腌制。按照这样的做法再做两次（共三次）以后，将莴笋取出，晒干，收在坛子里。拌入花椒、茴香或者玫瑰花调味，味道会更好。腌莴笋的卤水可以保存很久而不腐坏，对人有益处。莴笋叶腌过后晒干，夏天拌入麻油，放在饭上蒸熟，最好吃。而且能杀死身体里的多种虫子，对人非常有益。

【评】腌莴苣：此腌莴笋方法十分巧妙，但如今餐饮更多采用曝腌之法，而且多用调味酱油腌泡，并加上了香菜根、银苗、甘露、红根、大蒜、红尖椒等，腌两天即可，叫“爆腌什香菜”或“菜根香”。（牛金生）

腌瓜

菜瓜一担，用盐五、六斤。每瓜剖两半，去瓤，仰放盛盐，用石压定，腌一夜，次日晒起。晚间将原卤煎沸，候冷，将瓜浸入如前法。如此二三次，晒干，贮坛内。以花椒、茴香、玫瑰花拌之尤佳。

【译】取菜瓜一担，加入五六斤盐。每只瓜都切成两半，去掉瓜瓤，仰放着，撒上盐，用石块压住。腌一晚上，第二天早上挂起来晒。晚上的时候把卤水煮开，冷却后将瓜浸泡在里面。按照这样的方法再做两三次，然后晒干后储存在坛子里。拌入花椒、茴香、玫瑰花等调味后食用更美味。

【评】腌瓜：此法，今天国内许多酱园依然延用，只是分清腌和酱腌。也有不剖开去瓤籽的，采用先漤水后压制，然后再加酱或光滑腌制的，如北京六必居和天源酱园的“酱瓜”。（牛金生）

腌莱菔[1]

莱菔，切成一寸许四棱长条，入大瓷盆中。每十斤，加盐十二两[2]，用手揉之。每日须揉二三次。俟盐味尽入，盐卤已干，再以花椒、茴香末或更加辣面拌匀收之。随时取食（原注：莱菔音釐北，一名芦菔，一名罗蔔，陕西读若罗不，京读若罗卜）。

【译】将莱菔切成一寸左右的四棱长条，放入大瓷盆中。

---

①莱菔，即萝卜。

②中国古代 1 斤 =16 两，1 斤约等于 596.8 克。以下依此类推。

每十斤莱菔放十二两盐。每天用手揉搓二三次。等到盐完全渗入，盐卤干涸，加入花椒、茴香末，也可以再加入辣椒面搅拌均匀，储存起来，随时都可以取来吃。

【评】腌莱菔：此法有许多变化，如选用天津产的青萝卜（卫青）即为北京的“大腌萝卜”；如用象牙白切条，经漤（lǎn）水、腌渍、晾晒后拌入辣椒糊、白糖后密封腌渍发酵即为“辣萝卜干”；如变成胭脂萝卜，削去根须，漤水后压干，加入甜酱、酱油腌制成菜就是北京的“小酱萝卜”。（牛金生）

腌胡莱菔[1]

胡莱菔，洗净晾干，整个放缸中。每十斤入盐半斤，酌加茴香、花椒。以冷开水灌入，水须比莱菔稍高，上以重物压之。每日须翻转一次。十日取出用刀子四面各劙[2]一缝，以绳系之，悬于有风无日处干之。欲食时，以热水浸软，横切薄片，即成莱菔花之状矣。以香油与醋拌食，甚脆美。

【译】取胡莱菔，洗净晾干，完整地放进缸里。十斤胡莱菔用半斤盐，根据个人口味加入茴香、花椒。倒入冷却后的开水，水要比莱菔稍高一点，上面用重的东西压住。每天翻转一次。十天后取出，用刀在四面格划一条缝，用绳子拴

①胡莱菔，即胡萝卜。
②劙（lí）：划开。

起来，悬挂在有风无太阳的地方阴干。吃的时候用热水泡软，横着切成薄片，就成了莱菔花的样子，用香油和醋拌了吃，十分脆美。

【评】腌胡莱菔：这是腌制风味萝卜干的巧妙方法。凝结了广大劳动人民在日常生活中总结沉淀的生活智慧，也是饮膳调和的瑰宝。

蔬菜经脱水后能长期保存，对于调节蔬菜的淡旺季，保证食材上市旺季不浪费、淡季有菜吃，调剂餐食、改善生活。对生活在边远山区或交通不方便的地方，仍然是最佳的存储时蔬的好方法，对今日的餐饮业增加花样品种、风味菜肴起着引领和指导的作用。（牛金生）

咸豆豉

大黄豆，洗净，煮极烂，晾冷，装坛内，置凉处。俟发霉上黄，取出，以茴香、花椒末、盐拌匀，作成圆饼，晒微干，收贮。喜食辛，可加入辣椒末。

大黑豆一斗，煮熟透，于不透风处摊席上，以楮叶覆之。俟发霉，晒干，去黄，入八角、小香、砂仁、紫苏叶末。去皮苦杏仁各四两，陈皮、甘草末各二两，生姜米三斤，晒干瓜丁二三斤，再入陈酱油六斤，绍酒十斤，油桂、白蔻末五钱，收藏贮瓷器内，总以不透风为要。此与前法稍异。此法味最佳，前法较便。

【译】取大黄豆，洗净，煮到极烂，晾冷后装在坛子里，放在阴凉处，等到发霉，上面出现了黄色，取出，放入茴香、花椒末、盐搅拌均匀，做成圆饼，晒到稍干一点，储存起来。喜欢吃辣椒的人也可以放入辣椒末。

取大黑豆一斗，煮到熟透，找不通风的地方铺在凉席上，用楮叶盖上。发霉后，晒干，去掉黄的部分，加入八角、小香、砂仁、紫苏叶末，以及去皮的苦杏仁各四两，陈皮、甘草末各二两，生姜粒三斤，晒干后的瓜丁二三斤，陈酱油六斤，绍兴黄酒十斤，油桂、白蔻末各五钱，一起放在瓷器内。总的来讲以不通风最为重要。这种做法与前面所说的方法不同。这种方法味道很好，前面的方法比较简便。

【评】咸豆豉：这是家庭自制豆豉的方法。国内一些著名的豆豉生产企业就是在此基础上制作的。如四川的永川豆豉的加工生产，只是更科学、更卫生了。豆豉装坛后要在深山的山洞中窖藏三年以上，才能达到咸香、回甘、豉香四溢的效果。（牛金生）

制胡豆瓣

鲜胡豆，去皮，置暗处，覆以楮叶。俟生黄，取出，置日中晒干，拭去黄。以黄酒炒盐，加辣椒粗片浸。浸后置日中晒之，晒至豆软可食，分坛收贮。干胡豆浸软去皮，如前法作之亦可。张松如大令[1]茂森传此法。

【译】将鲜胡豆去皮后放在暗处，用楮叶盖上。等到有

①大令：秦汉以后县官一般称令，后来用作对县官的尊称。

了黄色物质，取出在太阳下晒干，去掉黄的部分，用黄酒炒盐，加粗辣椒片一起浸泡，浸泡以后再放到太阳下晒，直到豆子变软可以食用的程度，用坛子储存起来备食。干黄豆泡软去皮，用这种方法加工也可以。这是县太爷张如松告诉我的做法。

【评】制胡豆瓣：此法描述的就是家庭自制豆瓣辣酱的简易方法。（牛金生）

浸菜①

用有檐浸菜坛子②，除葱、蒜、韭等菜不用。余如胡瓜、茄子、豇豆、刀豆、苦瓜、莱菔、胡莱菔、白菜、芹菜、辣椒之类，皆可浸。浸用熟水。盐须炒过，酌加花椒、小香、生姜。浸好，以瓷碗盖之，碗必与坛檐相吻合，檐内必贮水，防泄气及见风也。取时必以净箸夹出，防见水及不洁也。

【译】取一个有檐的泡菜坛子，除去葱、姜、韭菜以外，其他比如胡瓜、茄子、豇豆、刀豆、苦瓜、莱菔、胡莱菔、白菜、芹菜、辣椒之类都可用此法加工。泡菜用开水，盐要事先炒过，根据个人口味加入花椒、小香、生姜。泡好后，用瓷碗盖住坛口，碗一定要与坛檐相吻合，檐内一定要放水，以防止味道跑出同时受风。取的时候一定要用擦干净的筷子夹出，防止见水后变得不干净了。

【评】浸菜：这里讲的是制作四川泡菜的方法。但好的

---

②浸菜：现统称泡菜。

③有檐浸菜坛子：即泡菜坛。坛口有水槽，可以碗覆盖，隔绝空气流通。

四川泡菜要将泡菜盐水养好，食材洗净晾至稍焉，然后根据不同的食材特点分坛浸泡，不可一概而论。比如莴笋、萝卜等，因为萝卜有芥辣之味儿，容易影响其他蔬菜的味道，莴笋容易坏汤，也不宜久泡，故应择坛另泡，最好泡制不超过24小时，四川称“洗澡泡菜”，不然质软不脆。（牛金生）

腌雪里蕻

一名春不老。削去粗根及黄叶，洗净，晾干水气。每菜十五斤，用盐一斤。入缸腌一夜，次日取起，晾干，再入缸腌之。如此三次，即成矣。切碎下饭，或炒豆腐，或焊[1]汤均佳。入春天暖，可蒸过晒干。夏日以熟水浸软切碎食尤佳。惟每起缸时，须费工夫将菜揉搓。揉搓愈到，菜之色味愈佳（原注：焊一作燂、幸火，音潜，以菜于汤中瀹之也，秦人读若崔旋反）。

【译】雪里蕻又叫春不老，削掉粗根和黄叶，洗净后，晾干水分。每十五斤菜，用一斤盐。放在缸里腌一夜，第二天早上取出来晾干，再放到缸里腌。按这样的方法重复三次，就完成了。切碎后拌饭吃，用来炒豆腐，或者炖汤（略煮）都很不错。进入春天后天气变暖，气温升高，可以蒸完了再晒干，到了夏天用热水泡软切碎了吃更好。只是每次打开缸的时候需要花费时间将菜揉搓。揉搓得越到位，味道越好。

【评】腌雪里蕻：雪里蕻是北方的叫法，南方叫雪菜。保定地区称春不老，也管腌香椿叫春不老，因为香椿有椿字，

①焊（xún）：涮或略煮。

故借谐音谓之长春不老。另外，腌法也有不同之处，先将雪里蕻晒蔫再腌，三天后倒缸再晾而后再腌，也有晾蔫后用陈年老咸汤再混以烧沸的浓盐水制卤，将雪里蕻先加盐揉搓、拌匀，腌两天攥去多余水分，再入缸加入调好的咸卤腌渍的方法。（牛金生）

醋浸菜

好醋若干，入锅中，加花椒、八角、莳萝、草果及盐烧滚。俟水气略尽，候冷，放坛中。浸入莱菔、胡莱菔、生姜、王瓜[①]、缸豆、刀豆、茄子、辣椒等，愈久愈佳。太原人作法甚佳。

【译】取一定量的上好醋，放入锅中，加入花椒、八角、莳萝、草果及盐，烧开，等水分基本散尽的时候晾凉，放在坛子里。放入莱菔、胡莱菔、生姜、王瓜、豇豆、刀豆、茄子、辣椒等。时间越久味道越好。太原人做的非常好。

【评】醋浸菜：这是西北地区腌咸菜的方法。把要腌的时蔬如苤蓝、辣椒、萝卜等均先风干，然后将酱油、糖加水烧开再加醋熬香晾凉后，将菜装坛，先加白酒拌匀再加汤，用油覆盖，然后封存四十天后即可食用。成品色酱红，味咸鲜稍酸辣，脆嫩爽口。（牛金生）

豆腐乳

豆腐晾干水气，切四方块，约二两一块。入笼蒸透，再

①王瓜：亦称“土瓜”。葫芦科。果实球形至椭圆形，熟时橘黄色。野生于山坡，分布于我国浙江、江苏、湖北、台湾等地。块根入药，治毒蛇咬伤。

于暗处置稻草上，仍覆以稻草。俟生霉起毛，取出。拭去毛，每块用花椒、小细末、盐末撒匀，然后密铺盆内，以陈酒浸之，加香油于上。酒以淹合豆腐为准。外以纸封固，令不泄气。二十余日可食。加皂矾为臭豆腐。

【译】豆腐晾干水分，切成约二两一块的四方块，放入笼屉蒸透，再放在没有阳光的地方，下面铺稻草，上面仍用稻草覆盖。等到发霉起毛后取出。把毛去除，每块都均匀地撒上花椒末和盐，然后紧紧地铺在盆子里，倒入陈酒浸泡，在最上面倒入香油。酒的量以完全淹住豆腐为标准。外面用纸包裹起来，不让走味儿。腌二十多天就可以食用了。加入皂矾后就变成了臭豆腐。

【评】豆腐乳：又称霉豆腐，也因颜色不同又叫红方、青方，全国各地均有出产。（牛金生）

腐竹

竹蔑按一尺许长，削如线香样，要极光滑。以新揭豆腐皮铺平，再以竹蔑匀排于上，卷作小卷，抽去竹蔑，挂于绳上晾之。每张照作，晾干收之，经久不坏。可以随时取食，各菜本酌加。

【译】竹篾条按照每根一尺左右的长度，削成线香一样的形状，要极其光滑。把新揭的豆腐皮铺平，再把竹篾均匀地排在上面，卷成小卷，然后抽取竹篾，挂在绳上（挂起来）晾干。每张豆腐皮都按照这种方法制作，晾干以后储存起来，放很久也不会腐坏，可以随时拿来吃，各种菜都可以适当的放一些。

辣椒酱

辣椒，秋后拣红者悬之使乾。其微红、半黄及绿者，磨作酱，甚佳。辣椒七斤、胡莱菔三斤，均切碎。炒过盐十二两，水若干，搅匀令稀稠相得。以磨豆腐拐磨磨之，收贮瓷瓶，久藏不坏。吃粥下饭，胜肥脓数倍也。

【译】挑选秋后最红的辣椒挂起来晾干——微红、半黄及绿的辣椒可以磨碎后做酱，美味。取七斤辣椒、三斤胡萝卜，切碎后加入炒过的盐十二两，以及一定量的水，搅拌均匀，让其稠稀正合适。用磨豆腐用的拐磨磨了，储存在瓷瓶里，放久了也不会腐坏。吃粥下饭，胜过肥美肉食许多倍。

【评】辣椒酱：又称辣椒糊、剁椒酱、糟辣椒，以湖南、四川、江西等地出产的最为著名。（牛金生）

水豆豉

作豆豉时，煮过黄豆之水，用玻璃瓶分贮。大约黄豆发霉时，此水亦应发过。审其上有白糢，即为发过之候。每瓶酌加净盐若干，十日后可食矣。于素菜汤中调之，殊为鲜美，不惟可代酱油也。

【译】做豆豉时，用玻璃瓶将煮过黄豆的水储存起来，大概在黄豆发霉的时候，这些水也应该发酵过了。观察它上面如果有了白膜，就是已经发酵过的特征。在瓶中加入一定量的盐，十天以后就可以食用了。加在素汤中，非常鲜美，不仅是能代替酱油啊。

菜脯

干菜曰菹，亦曰诸。桃诸、梅诸是也。《说文》："脯，干肉。"呼菜脯亦可。如胡豆、刀豆、邪蒿[①]、香椿、萱花[②]、荠菜、苋菜、白蒿[③]、苜蓿、菠菜、莱菔、胡莱菔、茄子、茭白之类，皆可作脯。惟茄及茭白宜去皮切片。均宜洗，于滚水瀹过，晒干收贮，勿泄气。菜乏时照常法作食，较初摘者稍逊，然真味故在，与腌以盐酱本味全失者不同也。栗子、银杏瀹过晒干，亦可久贮。

【译】干菜叫菹，也可以叫诸。桃诸、梅诸就来源于这种称呼。《说文解字》里说"脯"是干肉，称"菜脯"也可以（用"脯"称菜也可以）。如胡豆、刀豆、邪蒿、香椿、金针、荠菜、白蒿、苜蓿、菠菜、莱菔、胡莱菔、茄子、茭白之类，都可以做菜脯，只不过茄子和茭白应该削皮切成片状。所有菜都应该洗净，在开水中煮过，然后晒干保存，不要走了味道。蔬菜供应短缺的时候（吃不到新鲜蔬菜的时候）把这种菜脯按照日常蔬菜的吃法进行加工，味道比刚摘下来的新鲜蔬菜要差一点，但是蔬菜本来的味道仍然保存着，和用盐、酱腌制的菜完全失去原来的味道不同。栗子、银杏煮过以后

---

①邪蒿：伞形科植物，叶似胡萝卜叶。

②萱花：也叫黄花菜、金针。

③白蒿：菊科植物。

晒干也可以长久储存。

藏诸果

林檎[1]、苹果、石榴、桔柑、梨等，皆佳果也。惜不能久放。惟每果一枚，用净棉花包好，以烧酒浸之，收瓷器内，勿令泄气，可久藏。

【译】林檎、苹果、石榴、柑、橘、梨等，都是很好的果品，可惜不能长久保存。除非把每个水果都用干净的棉花包好，用烧酒泡过以后放在瓷器里，不要让它失了水分，这样就可以长久保存了。

炒米花

上好糯米，先用水淘净，后以熟水淋过，盛竹箩内，以湿布盖好，约二时涨透。下锅同砂热炒，去砂，最空最酥。不放砂，每斗可炒斗五六升。同砂炒，每斗可炒二斗有余。淋米水太热太凉均不酥，热不汤手方得。

【译】选上好的糯米，先用水淘净，然后浇上热水，放在箩筐里，用湿布盖好，等四个小时左右让它完全涨透。倒入锅里和细沙一起翻炒，炒熟后去掉沙子，糯米又空又酥。不放砂子，一斗米可炒出一斗五六升熟米，和沙一起炒，可以炒出二斗多一点熟米。浇在米上的水不能太冷也不能太热，热但不烫手的温度刚刚好。

①林檎：即花药。产于我国，黄河和长江流域一带普遍栽培。果味似苹果，供生食。

【评】炒米花：北京叫江米花，有白味和甜味的区别。炒玉米利用的就是热膨胀技术，所以又叫膨化食品。（牛金生）

酱油浸鹿角菜①

鹿角菜，泡软洗净，略切晾干，浸好酱油内数日，可以久食。鹿角菜一斤，至少须酱油二斤。

【译】把鹿角菜泡软洗净，稍稍切一下，晒干。泡在酱油里，几天后就可以吃了。一斤鹿角菜最少需要二斤酱油。

【评】鹿角菜：形似鹿角，色黑，是一种海藻类植物。北京人吃打卤面，起卤除白肉片、黄花、木耳、鸡蛋以外，必放些鹿角菜才够标准。（佟长有）

鹿角菜为海藻类植物，味稍腥咸，水发后洗净撕成小段可用于打卤、烧汤、冷拌，名菜“招远丸子”的主料之一，即是此菜。（牛金生）

甜酱炒鹿角菜

鹿角菜，浸软，洗净，切碎。先以甜面酱于香油中炒过，再以鹿角菜加入同炒，再加水令稀稠相得。香油须多加，或不用水，止多加香油炒之，尤佳。

【译】把鹿角菜泡软洗净，切碎。先把甜面酱用香油炒过，再放入鹿角菜一起翻炒，然后再加水，使稠稀恰到好处为止。香油要多放，也可以不加水，多加香油直接炒更好。

①鹿角菜：海生藻类植物，也叫猴葵。可食用。

甜酱炒核桃仁

核桃仁，略切，与甜面酱同炒。如前法。

【译】把核桃仁稍稍切一下，和甜面酱一起翻炒，具体做法同甜酱炒鹿角菜。

果仁酱

核桃仁、杏仁、花生仁，均浸软去皮，略切。再加瓜子仁、松子仁，入甜面酱内炒之。如前法。

【译】核桃仁、杏仁、花生仁，都泡软去皮，稍稍切一下，再加入瓜子仁、松子仁，放入甜面酱翻炒。具体做法同前。

【评】果仁酱：北京菜的“炒酱瓜”“炒榛子酱”“炒倭瓜酱”，即是此法的延续。不过文中所述更麻烦一些，当然北京菜这些酱类更多的使用的是“稀黄酱”。（牛金生）

素火腿

九、十月间，收绝大倭瓜，须极老经霜者摘下。就蒂开一孔，去瓤及子。以陈年好酱油灌入，令满。仍将原蒂盖上，封好，平放，以草绳悬户檐下。次年四、五月取出，蒸熟，切片食，甘美无似，并益人。此王孟英[①]先生法。

【译】九十月份的时候，选取最大的（大一点儿的）倭瓜——要极老经霜的那种。从瓜蒂的位置开一个孔，掏出瓜瓤。用陈年的好酱油灌满整个瓜囊。再将取下来的瓜蒂盖上，封

①王孟英：名士雄，浙江海宁人。清医学家。

好，用草绳平着挂在屋檐下。第二年四五月份取下来，蒸熟后切成片食用，味道甜美什么都比不上，而且对人很有好处。这是王孟英先生提供的做法。

卷二

摩姑蕈①

摩姑之味在汤。或弃去汤，太无知。宜以滚水淬②之，俟其味入水中，将水漉③出淀之，俟泥沙下沉，再漉去泥沙作汤，则素蔬中之高汤也。用此汤㸆冬笋、豆腐、茭白及各菜，隽永无似。仍用以煨摩姑，尤佳。摩姑已经淬过，可用温水涤去泥沙，剔去粗根，仍以原淬之水加高汤煨之。此物非漫火久煨，不能肥厚腴。否则味虽不差，与生啖无异也（原注：摩或书作嫫、摩、磨；姑或书作菇、菰。《菌谱》作摩姑）。

【译】蘑菇的美味，在于它的汤（水）里。有人把水倒掉了，真是太无知了。正确的做法是用开水浸泡，等到蘑菇的味道进入水里后，将蘑菇取出，让泥沙等沉淀，用澄出来的清水来煮汤，真称得上是素菜里的高汤啊。用这个水来炖冬笋、豆腐、茭白及各种蔬菜都是很好的。还用这个水来煨蘑菇，味道更好。蘑菇已经用开水泡过，再用温水洗去泥沙，切掉粗根，还用原来泡它的水煨。这种东西

---

①摩姑蕈：即磨菰蕈。潘之恒《广菌谱》："磨菰蕈出山东淮北山间。埋桑楮木于土中，浇以米泔，待菰生采之。长二三寸，本小末大，白色柔软，其中空虚，状如未开玉簪花。俗名鸡足磨菰，谓其味状相似也。"但是，由于我国过去对食用菌的分类法与世界上通用的方法不同。因而，本书所用的名称很难与当前通行的分类法的某个品种相对应。不过，书中所说的烹调方法，一般食用菌均可采用。

②淬（cuì）：浸染。这里指用水"扎"的意思。

③漉（lù）：使水慢慢地渗去。

必须要小火慢炖，才能领略到它醇厚鲜美的味道。否则，味道虽然不会太差，但是和生吃没什么区别。

【评】摩姑蕈：这里讲的是涨发各种干制蘑菇的方法，如口蘑、香信、松茸、鸡枞等。

要先将干蘑菇用软毛刷刷净，然后清水浸泡回软，等蘑菇吸水膨涨、菌褶张开后，泡蘑菇的水顺一个方向搅转，形成旋涡，目的是借水流带出泥沙。然后捞出，另换一盆加水再涮洗。泡蘑菇的原水留下经沉淀后，取净水与蘑菇一起加盐、冰糖、葱姜和生鸡油一起上屉蒸发，待软熟仍用原汤浸泡，入馔时酌加原汤，味美无比。（牛金生）

羊肚菌①

以水淬之，俟软漉出，将水留作汤用。再以水洗去泥沙，以高汤同原淬之水煨之，饶有清味。此菌纹如羊肚，故名。

【译】羊肚菌用开水浸泡，等泡软后捞出，水留下来做汤。再另外用水将羊肚菌洗干净，用高汤和之前泡过羊肚菌的水一起煮，有清香的味道。这种菌纹路就像羊肚一样，所以得名。

【评】羊肚菌：是我国较为珍贵的稀少菌类，它可上高档国宴，可做“海虾扒酿羊肚菌”“羊肚菌炖乌鸡”“羊肚菌螺片汤”等。（佟长有）

①羊肚菌：子囊菌纲盘菌目马鞍菌科，是我国稀少的美味真菌，也是西欧人民喜食的菌类之一。

东菌[1]

此菌颇肥大，以滚水淬之，去净泥沙及粗硬者。煎白菜、煎豆腐，均佳。

【译】这种菌类粗大厚实，用开水浸泡，洗去泥沙，去掉上面粗硬的部分，和白菜或豆腐一起炒，味道都很不错。

香姑[2]

形圆，大小约一寸许，约一分厚，黑润与东菌异。以滚水淬之，摘去其柄，与白菜、玉兰片、豆腐同煨，均清永。或以香油将白菜炸过，再以酱油将白菜闷之，再以香菇铺碗底以白菜实之，浸火蒸烂，尤腴美。

【译】香菇外形圆形，大小（直径）一寸左右，黑色且有光泽，跟东菌不同。用开水浸泡，去掉硬根，与白菜、玉兰片、豆腐一起煨，非常清永。也可以用香油将白菜炸了，再放入酱油把菜焖一下，然后把香菇铺在碗底，上面放上白菜，用小火蒸到熟透，非常美味。

兰花摩姑[3]

以滚水淬之，加高汤煨豆腐，殊为鲜美。

【译】兰花蘑菇用开水浸泡以后，加高汤和豆腐一起煨，非常鲜美。

---

①东菌：即平菇。又叫“冻菌”“北风菌”，学名“侧耳”。

②香姑：即香菇，也叫香蕈、冬菇，担子菌纲伞菌目伞菌科。世界上著名的食用菌，味道鲜美，营养丰富，并具有抗癌等医疗作用。有冬菇、春菰、花菇、薄菇四种，以花菇的质量为最好。

③兰花摩姑：即草菇，由于它被烘干后带有浓郁的芳香，故又叫兰花菇。

鸡腿摩姑[①]

以滚水淬之，洗去泥沙及粗硬者，与白菜或豆腐同煨，殊有清致。

【译】鸡腿蘑菇用开水浸泡，洗去泥沙和粗硬的部分，和白菜或者豆腐一起炖，非常清致。

虎蹄菌[②]

形圆，大者如卵，小者如栗。以温熟水浸软，洗去泥沙，切大片，以高汤煨之。亦脆亦腴，清芬可挹[③]。

【译】虎蹄菌外形圆，大的跟鸡蛋差不多，小的跟栗子相当。用温开水泡软，洗去泥沙，切成大片，用高汤煨后食用，吃起来又厚又脆，清香可口。

白木耳

以凉水浸软，拣去粗根，洗净，以高汤煨之。或以豆腐脑墊底[④]，加白木耳于上，添高汤蒸之，亦有清致。或以糖煨之，亦佳（原注：音店，《广韵》：支也。凡平稳字皆当作，近人多书作垫。垫，下也、弱也，误）。

【译】白木耳要用凉水泡软，去掉粗根，洗净，用开水煨熟。也可以用豆腐脑打底，在上面放上白木耳（银耳），加入高汤一起蒸，也很清致。还可以加糖一起炖，也很好。

---

①鸡腿摩菇：可能指长得像鸡腿，担子菌纲伞菌目白蘑科，云南产的较多。但是，有的地方将其他品种也叫鸡腿蘑菇。

②虎蹄菌：可能是一种牛肝菌属的蘑菇。

③挹（yì）：吸取。

④墊（diàn）底：墊，同垫。

桂花木耳[①]

凉水浸软，以小翦[②]翦去硬根，以高汤煨之。或以糖煨之，亦佳。

【译】桂花木耳凉水泡软，用剪刀剪去上面硬的部分，加高汤煨熟。也可以加糖一起煨，也不错。

【评】桂花木耳：因色泽金黄艳丽，朵形远观酷似牡丹，色如桂花，所以又被称做金耳，是中华菌类食材的一枝奇葩。主要分布在云南的丽江、四川的通江、湖南张家界、湖北笔架山、安徽的黄山、福建的武夷山等地。

金耳是生长在枯死的桂花树上，或附生在红梨树、楠木等树上的食用菌，固产量稀少，特别珍贵，烹调入馔制成甜羹，自带桂花香味。（牛金生）

榆木耳[③]

此木耳最费火候，原汤味甚劣。以滚水浸软，倾去水，再以硷水漫火发开。再以净水漂去硷味，然后以高汤煨之，味亦腴美（原注：漂，去声）。

【译】榆木耳最费火候，原汤的味道非常不好。用开水泡软，把水倒掉后，加入碱水让它慢慢发开，再用清水漂洗干净，去掉碱的味道，然后加入高汤煨熟，味道很好。

---

①桂花木耳：桂树上所生的木耳。

②翦：同“剪”。

③榆木耳：榆树上所生的木耳。

树花菜[1]

生终南山龙柏树上，似木耳而色淡碧，形甚类翦春罗花，气香味辛，得未曾有。陕西干果铺有卖者，名曰“石花菜”。以滚水浸软，翦去粗根，加香油、酱油、醋食之，辛香可口。或以高汤煨之，尤清隽也。

【译】生长于终南山的龙柏树上，很像木耳，但是颜色是淡绿色，形状很像剪春罗花，闻着香，吃起来有点辣。求之而不得。陕西有干果店售卖，叫作“石花菜”。用开水泡软，剪掉粗根，加入香油、酱油和醋拌着吃，又香又辣非常可口。也可以加入高汤煨熟，更加美味。

葛仙米[2]

取细如小米粒者，以水发开，沥去水，以高汤煨之，甚清腴。余每以小豆腐丁加入，以柔配柔，以黑间白。既可口，亦美观也。

【译】选取跟米粒大小的葛仙米，用水泡开，把水控干，加入高汤煨熟，非常清腴。我每次吃都加小豆腐丁进去，（口感上）用软的配软的，（颜色上）用黑的搭配白的，既好吃，又好看。

【评】葛仙米：是水生藻类植物的干制食材，俗称“田木耳”“天仙米”。（佟长有）

---

①树花菜：一种苔藓类寄生植物。

②葛仙米：也叫地耳、地木耳，藻类植物。

相传道家葛洪曾隐居深山清修，锤炼自身，提炼、服食不老的灵丹妙药，因修炼时无粮度日，只能采集山间野果和田耳充饥果腹，不仅不饥反觉身轻体健。一日，晋王之子患病，他面容憔悴，不思茶饭，浑身酸痛，夜间盗汗，耳鸣多梦。传御医诊治后服药数日仍不见起色。经宫中术士引荐得识葛洪，遂由葛洪给王子诊治。葛洪不但精通医术，而且又见多识广，他用天仙米与银耳、丹参、蜂巢等入药给王子调理顽疾。说来也怪，王子服食葛洪调配的“汤羹”不久病即痊愈，晋王十分高兴，传旨召见葛洪上殿面君，欲封赏以彰其功。见葛洪清奇散淡、鹤发童颜，有如神仙一般，所用药物“田木耳”自己闻所未闻，观其外形似珠似米，色泽泛绿，遂赐名“葛仙米”。（牛金生）

竹松①

或作竹荪，出四川。滚水淬过，酌加盐、料酒，以高汤煨之。清脆腴美，得未曾有。或与嫩豆腐、玉兰片、色白之菜同煨尚可，不宜夹杂别物，并搭馈②也（原注：馈，亦作馈，音遣，抟也，粘也，“馈粉”字应作此字。《随园食单》书作，殊误）。

【译】也写作竹荪，出产于四川。用开水泡过以后，酌情加入盐、料酒，加高汤炖。清脆腴美，想得却得不到。也

①竹松：即竹荪，担子菌纲鬼笔科，我国著名食用菌之一，味道鲜美，对高血压、胆固醇高的患者有一定疗效，对肥胖症效果更好。

②馈：即芡。

可以加入嫩豆腐、玉兰片、白色的菜一起炖，不要再加别的东西，加多了反而不好。做的时候要勾芡。

【评】竹松：又名竹荪、竹笙、僧竹蕈，是我国一种珍贵、稀有的食用菌干品。新鲜时在产地还有网纱菇、仙人笠、竹参菌等称谓。烹调时常用于汤羹菜或酿等方法，水发后宜鸡汤煨入味后再烹制，川菜名肴“推纱望月”即是竹荪入馔的典型菜。（牛金生）

商山芝①

即蕨菜，初生名小儿拳。以滚水浸软，去根叶及粗梗。择取根嫩者，以高汤煨之，气香而味别，野蔌佳品也。

【译】也就是蕨菜，刚长出来叫作小儿拳。用开水泡软，去掉根叶以及粗梗部分。摘取最嫩的，加入高汤炖，气味香而味道别致。野生蔬菜中的佳品。

笋衣

出四川。滚水淬过，将水澄出，留作汤用。或切片切丝，仍以原淬水同高汤煨之，颇有清味。或加高汤，同豆腐、腐皮、玉兰片同煨，亦佳（原注：澄，去声，清浊分也）。

【译】出产于四川。用开水泡过，将泡笋衣的水澄出，炖汤时用。笋衣切成片或丝，用泡过的水加高汤一起煨，味道清爽。也可以加入高汤，和豆腐、豆腐皮、玉兰片一起炖，也很好。

---

①商山芝：本书解作“蕨菜”，按所述形状，是蕨菜。属蕨类植物凤尾蕨科。

石花糕①

石花，即“鹿角菜”，京师名麒麟菜。以开水煮化，倒入碗中，冷定，凝为一块，用刀切片，色如蜜腊。拌香油、酱油、醋食，甚滑美。又有黑色之鹿角菜，形亦相似，颇耐煮，可煨食也。

【译】石花，也就是鹿角菜。京师叫作麒麟菜。用开水煮化，倒在碗里，冷却后会凝结成一块，用刀切成片状，颜色如同蜜蜡。拌上香油、酱油和醋食用，口感爽滑。也有黑色的鹿角菜，形状非常相似，非常耐煮，可以用来煨着吃。

【评】石花糕：又名海冻菜、凤尾草，属红藻类的一种。为今海产品开发又见紫藻类的品种。多用于凉拌，因含胶质丰富，故不宜加热，可稍烫，但不宜煮，过热即融化成团成胶。（牛金生）

凉拌石花菜

鹿角菜浸软切开，以香油、盐、醋拌食，或同凤尾、发菜、海带丝拌食，均脆美。

【译】鹿角菜泡软切开，用香油、盐和醋拌了食用，或者同凤尾、发菜、海带丝等菜拌在一起食用，都非常香脆可口。

①石花糕：书上名之为鹿角菜、麒麟菜，其实是三种：鹿角菜属褐藻门鹿角菜科，分布于我国北部沿海，可食；麒麟菜属红藻门红翅菜科，分布于我国南方海区，可提取琼胶，可食；石花菜属红藻门石花菜科，分布较广，可食，并可做琼胶等工业原料。书中所述，是煮冻粉的方法。

闷发菜①

海蔬中，惟黑色之鹿角菜可久煮。余如白色之鹿角菜、凤尾②、紫菜及东洋粉，水煮即化，而发菜及海带可久煮。发菜以高汤煨之，甚佳。或与白菜丝或笋丝同煨，亦清永。

【译】海里出产的蔬菜（用海水养殖的蔬菜），只有黑色的鹿角菜可以长时间煮。其他的像白色的鹿角菜、凤尾、紫菜以及东洋粉，用水一煮就会化掉，而发菜和海带可以长时间煮。发菜用高汤煮了食用，非常美味。也可以和白菜丝或笋丝一起煨，也很清永。

菘

菘，白菜也，是为诸蔬之冠，非一切菜所能比。以洗净生菜，酌加盐、酒闷烂，最为隽永。或拣嫩菜心横切之，整放盘中，以香油、酱油、醋烧滚，淬二三次，名“瓦口白菜”，特为清脆。或洗净晾干水气，油锅灼过，加料酒、酱油煨之，甚为脓腴。或取嫩菜切片，以猛火油灼之，加醋、酱油起锅，名醋馏白菜。或微搭芡，名“金边白菜”。西安厨人作法最妙，京师厨人不及也。白菜汤虽不能作名菜之汤，总以白水漫火煮为第一法。大凡一切菜蔬，或炒或煮，用生者其味乃全，瀹过则味减矣，不可不知（原注：馏，留去声，稔也，饭气流也。孙炎曰：均之曰馏。今人以搭芡炒菜为馏，宜书

①闷发菜：发菜，属蓝藻门念珠藻科，是野生陆生藻类，黑褐色，像乱发一样，生于我国西北荒漠地区。书中解释为海蔬，与有些著作中称它是水生的一样，是不对的。
②凤尾：可能是一种菇类，形似凤尾，科属不明。

作此字，初人多书作溜，义太远）。

【译】菘，也就是白菜，是所有蔬菜中最好的，不是一般蔬菜可以媲美的。生菜洗净后酌量加入盐、酒焖烂，味道隽永。也可以选取嫩菜心横着切好，整放在盘中，将香油、酱油、醋放在锅里烧开后浇在上面，浇两三次即可，称为“瓦口白菜”，非常清脆。也可以洗净后晾干水分，放入油锅里烧一下然后加入料酒、酱油一起炖，味道浓郁。还可以选取嫩白菜切片后，用猛火滚油炒，加入醋、酱油后出锅，称之为醋溜白菜。可以稍微放点芡粉，称为“金边白菜”。西安的厨师做法最为精妙，京师的厨师比不了。白菜汤虽不能做各种菜的高汤，但用白水小火慢炖是最好的方法。一切蔬菜，不管是炒还是煮，用生菜直接制作才能保全菜味道，煮得太过味道就减弱了，这一点一定要清楚。

山东白菜

白菜切长方块，以香油炒过，加酱油、陈醋闷烂，不加水，浓厚爽口，热冷食毕佳。济南饭馆此菜甚得法，故名。

【译】白菜切长方块，用香油炒过后加入酱油、陈醋焖烂，不加水，口感浓厚爽口，热吃冷吃都可以。济南饭店做这道菜很有心得，所以被叫作这个名字。

油白菜

拣取嫩心，以醋馏白菜法作之，甚佳。其老者以油炸之，加高汤、料酒、酱油煨烂，甚滑美。

【译】选取菜的嫩心，用醋溜白菜的做法来做，很好。老菜叶则用油炸以后，加入高汤、料酒、酱油煨烂，口感爽滑。

烧莱菔

莱菔切小拐刀块，水莱菔最佳。以香油炸透，再以酱油炙之，搭馇起锅，甚腴美。

【译】莱菔切小的拐刀块——这道菜用水莱菔做更好。用香油炸透，再加入酱油烤。勾芡后起锅，很好吃。

烧钮子莱菔

此莱菔来自甘肃，如龙眼核大，甚匀圆，用囫囵个，以前法作之，尤脆美。

【译】这种莱菔产自甘肃，跟龙眼核大小差不多，外形浑圆，大小均匀，整个（不切开）用上面的方法加工制作、烹调，又脆又好吃。

菜花

菜花，京师菜肆有卖者。众蕊攒族如毬，有大有小，名曰菜花。或炒，或𤆵，或搭缱炒，无不脆美，蔬中之上品也。

【译】菜花，从京师菜店可以买到。众多花蕊团簇在一起像球一样，有大有小，叫作菜花。可以炒，可以煮，也可以炒后勾芡，口感都很爽脆，蔬菜中的好东西。

【评】菜花：也叫花菜，种类有色彩之分。绿色是西蓝花，

花椰菜为白色或乳白色。（佟长有）

莱菔圆

用京师扁莱菔、陕西天红弹莱菔，无则他莱菔亦可用。切片，煮烂，揉碎，加入姜、盐、豆粉为丸。糁以豆粉，入猛火油锅炸之，搭馐起锅，甚脆美（原著：弹，去声，丸也。凡圆形呼作弹者皆当作此，近人书鸟卵皆作蛋蛋，南夷名，太远）。

【译】用京师里的扁莱菔、陕西天红弹莱菔，实在买不到这两种，别的也可以用。切成片，煮烂后捣碎，加入姜、盐、豆粉做成丸状。沾上豆粉。放进猛火烧开的油锅里炸，勾芡后出锅，非常爽脆可口。

苔子菜①

即嫩芜菁苗，以油炒过，加高汤、盐、料酒煨之，甚清永。

【译】（台子菜）也就是嫩芜菁苗，用油炒过以后，加入高汤、盐、料酒煨熟后食用。非常清永。

芹黄②

芹黄以秦中③为佳，他处不及也。切段，以香油同豆腐干丝炒之，甚佳，止炒芹黄亦佳。或切段以水瀹之，盐、醋、

①苔子菜：书上指为嫩芜菁苗，恐衰。芜菁苗可吃，但味道并不美，现有一种菜苔，分紫、青二色，是芸苔的嫩茎，南方叫菜苔，或紫菜苔。书中所指恐为此。

②芹黄：芹菜软化培植的产品，西北较多。芹菜长大后，以培土或麦秆、板围、纸卷等方法使之黄嫩，称作芹黄；也可在温室软化。

③秦中：指今陕西中部平原地区。

香油拌食，尤为清脆。

【译】陕西种植的芹黄为最好，其他地方比不上。切成段，和豆腐干丝一起用香油炒，很好吃。单炒芹黄也不错。也可以切成段用水煮了以后加入盐、醋、香油拌着吃，非常清脆。

苋菜

有红、绿二种。摘取嫩尖，以香油炒过，加高汤煨之。

【译】苋菜有红色、绿色两种。摘取嫩尖，用香油炒了以后加入高汤煨熟。

芥圪塔①

即芥菜根。切薄片，以滚水微瀹。放净坛中，加入煮烂黄豆、生莱菔丝，酌加盐，封严。二三日取开，可食，甚辛烈。

【译】也就是芥菜根。切成薄片后用开水稍煮一下。放在干净的坛子里，加入煮烂的黄豆、生莱菔丝，加入一定量的盐，封严。存放两三天以后可以食用，非常辣。

【评】芥圪塔：这是一款老北京正月的年菜，称为“北京辣菜”，几乎过年前家家都要做。至今早已失传多年，做法非常简单：将鲜芥圪瘩洗净、切片，用净水煮熟，放入窗口内，同时倒入煮芥圪瘩的水；用北京灯笼红下萝卜擦丝盖在上面，封严，盖上盖，过几天打开辣味扑鼻，通窍顺气。（佟长有）

---

①芥圪塔：也叫“大头菜”。大头菜的根茎。

芥蓝[1]

京师呼为撇拉，秦中呼为怯列，皆芥蓝之转音也。切薄片，或切丝，以烧滚酱油、醋淬之，覆以碗。少顷，将酱油、醋倾出，再淬二三次。柔软而脆，殊为可口。

【译】京师里人们称之为撇拉，陕西中部地区称为怯列，这都是芥蓝的不同读法。切成薄片或丝，浇上烧滚的酱油和醋，用碗盖住。过一会儿将酱油和醋倒出来，这样反复两三次。吃起来又软又脆，非常可口。

荠菜

荠菜为野蔌上品，煮粥作斋，特为清永。以油炒之，颇清腴，再加水煨尤佳。荠菜以开红花叶深绿者为真。其与芥菜相似，叶微白，开白花者为白荠，不中食也。

【译】荠菜是野菜里最好的菜，煮粥或者做素菜都很清永。用油炒了吃很清腴，再加水后煨熟更好。开红花叶深绿的是真正的荠菜，长得跟芥菜差不多。菜叶稍有点白，开白花的是白芥，不能吃。

雪里蕻炒百合

咸雪里蕻，切极小丁，以香油炒之，再入择净百合同炒，略加水，俟其软美可食，即起锅。此菜用盐，不用酱油。

【译】咸雪里蕻切成极小的丁，用香油炒了以后，再放

---

①芥蓝：书中指为撇拉。撇拉又叫苤蓝，是球茎甘兰的块茎。芥蓝则是甘蓝属的叶菜之一。二者不是一物。书中所指为球茎甘蓝。

入洗干净的百合一起炒，稍加水，等软了以后就可以吃了。这个菜放盐不放酱油。

菠菜

入水内加盐、醋闷烂，菜甚软美。汤下饭尤佳也。或瀹过加浸软豆腐皮，以芝麻酱、盐、醋同办，尤爽口。

【译】放在水里加入盐、醋焖烂，又软又好吃。汤汁用来拌饭吃更好。也可以煮了以后加上泡软的豆腐皮，用芝麻酱、盐、醋一起拌着吃，非常爽口。

注：此处所说疑为北方所说的油豆皮。

洋菠菜①

与内地菠菜颇不相似，性坚韧，香油炒过，再以水煨极烂，亦滑美。

【译】跟内地的菠菜很不一样，非常坚韧，用香油炒过以后再用水煨到极烂，口感非常爽滑。

同蒿

以水瀹过，香油、盐、醋拌食，甚佳。以香油炒食，亦鲜美。

【译】同蒿应为茼蒿。茼蒿用水焯过以后，加入香油、盐、醋拌着吃，很好吃。用香油炒着吃也很鲜美。

榆荚

嫩榆钱，拣去葩蒂，以酱油、料酒焬汤，颇有清味。有

①洋菠菜：学名叫“番杏”，属番杏科，与菠菜同不科属。由于其形状和味道都有点像菠菜，故人们称作洋菠菜。传入我国时间不久。

和面蒸作糕饵或麦饭者，亦佳。秦人以菜蔬和干面加油、盐拌匀蒸食，名曰麦饭。香油须多加，不然，不腴美也。麦饭以朱藤花、楮穗、邪蒿、因陈、同蒿、嫩苜蓿、嫩香苜蓿为最上，余可作麦饭者亦多，均不及此数种也。

【译】嫩榆钱，拣掉杂质，用酱油、料酒煮着吃，味道清纯。有人用它和在面里做成糕饼之类或者麦饭，也不错。陕西人用蔬菜和在面里，并加入油、盐，搅拌均匀后蒸着吃，就是麦饭。香油要多放，要不然就不好吃。麦饭加入朱腾花、楮穗、邪蒿、茵陈、茼蒿、嫩苜蓿、嫩香苜蓿味道最好，其余的蔬菜能做麦饭的有很多，但都不如上述的这几种好。

【评】榆荚：又叫“榆钱”，是榆树的种子。因形似旧时串成串的钱，北京人称为“榆钱”，是因其谐音有“余钱”之意。除文中食用的方法外，也可以鸡蛋一起氽汤，叫“榆钱木须汤”，或拌炝与百合搭配，叫“百合榆钱”。榆钱入馔淡绿清馨、清香绕舌，是不可多得的时令美食，北京民间有榆钱糕一吃。（牛金生）

银条菜[①]

其状细长而白，与草石蚕一类。入滚水微瀹，加香油、盐、醋食之，甚清脆。以酱油、醋烹之，亦可。不宜煨烂，烂则风味减矣。其老者高汤煨烂，亦颇软美。草石蚕[②]，一名滴

①银条菜：为唇形科地笋属植物地衣儿苗的地下葡萄茎。

②草石蚕：为唇形科水苏属植物草石蚕的块，也叫甘露、地蚕，北京叫螺丝疙瘩，一般作酱菜。

露子，作法仿此。

【译】银条菜外观细长而且呈白色，跟草石蚕同属一个种类。放在开水里稍煮，拌上香油、盐、醋食用，十分清脆。用酱油和醋烹一下也可以。不适合炖烂了，炖烂了味道就减弱了。老的银条菜可以加入高汤煨烂，也很美味可口。草石蚕又称滴露子，加工方法和这个一样。

【评】银条菜：北京六必居酱菜中有腌银条（也称银苗或银根菜），鲜银苗洗净放缸内，一层银苗，一层盐，再撩上少许水，盐要撒得均匀。三五天盐化后，银苗浮起，将缸封闭贮存。（佟长有）

北京人称之为“银苗儿”，南方人又称之为藕带、藕鞭，是藕的嫩秧，最宜酱腌、泡菜，也可炝、拌、酥炸，齿感清脆，利尿败火，是季节性很强的食材。（牛金生）

椿、白椿

椿、樗[①]、栲[②]，同类异种。有花无荚，嫩叶绿而红，甚香可食，俗名香椿头，此为椿。嫩叶色红似椿，有花有荚，不中食，名曰臭椿，此为樗。叶绿不红，有花无荚，可食，名曰白椿，此为栲。香椿以开水淬过，用香油、盐拌食，甚佳。或以香油与豆腐同拌，亦佳。白椿瀹过，以油、盐拌食，尤清香而腴。均不宜醋。

①樗（chū 初）：即臭椿。

②栲（kǎo 考）：山毛榉科植物。

【译】椿、樗、栲同属于一类蔬菜，但不是一个品种。开花但没有荚，叶子很嫩而且绿中带红，味道香，可以食用，俗称香椿头，这就是椿。叶子嫩而且是红色，看着像椿，但是有花有荚，不能吃，名叫臭椿，这就是樗。叶子呈绿色且没有红色，有花有荚，可以吃，名叫白椿，这就是栲。把香椿用开水煮过，用香油、盐拌着吃，很美味。也可以用香油和豆腐一起拌着吃，也不错。白椿煮过以后，加入油、盐拌着吃，更加清香美味。这两种都不适合放醋。

石芥[①]

出终南山，以寻常作齑[②]法为之，甚酸甚辛。以香油、盐拌食，其爽口醒脾，一切辛酸之菜，俱出其下。

【译】石芥产于终南山，用普通的做酱菜的方法制作，又酸又辣。用香油、盐拌着吃，非常爽口醒脾，所有酸辣菜都比不过它。

龙头菜

此益母草嫩苗，京师天坛内甚多。以香油、酱油、料酒炒之，甚清脆也。

【译】龙头菜是益母草的嫩苗，京师天坛里非常多。用香油、酱油、料酒一起炒了食用，非常清脆。

---

①石芥：据《救荒本草》："石芥生辉县鸦子口山中。苗高一二尺，叶似地菜叶而阔短，每三叶或五叶攒生一处，开淡蓝花，结黑子，苗叶味苦，微辣。采嫩叶炸熟，换水浸去苦味，油盐调食。"

②齑（jī 机）：切碎的腌菜或酱菜。

蒌蒿

生水边，其根春日可食。以酱油、醋炒之，清脆而香，殊有山家风味也。

【译】蒌蒿生长在水边，根的部分在春天可以吃。加入酱油、醋炒着吃，清脆可口。很有农家风味。

洋生姜[1]

形颇似姜，殊无姜味。香油炒食，亦颇脆美。整个盐腌，随时切食，佐饭亦佳。

【译】外形很像姜，但是没有姜的味道。用香油炒过以后吃，非常脆美。整个用盐腌过，随时切着吃，拌饭吃也很美味。

【评】洋生姜：北京人称为“鬼子姜”，常用于酱腌菜，也可炝、炒。也是四川泡菜当中的一款主材。（牛金生）

倭瓜圆

去皮瓤，蒸烂，揉碎，加姜、盐、粉面作丸子，以豆粉，入猛火油炸之，搭芡起锅，甚甘美。

【译】倭瓜去掉瓜瓤，蒸烂后捣碎，加入姜、盐、粉面作成丸子，沾上豆粉，放入油锅里大火炸制，勾芡后出锅，非常甜美。

丝瓜

嫩者切片，以香油、酱油炒食。或以水瀹过，香油、醋拌食，

①洋生姜：也叫洋姜、菊芋，属菊科植物。

均佳。同冬菜、春菜㸆汤浇饭，为尤佳也。

【译】嫩丝瓜切片以后用油和酱油一起炒了食用，或者用水煮过，用香食、醋一起拌着吃，都不错。和冬菜、春菜炖汤浇饭，更加美味。

胡瓜①

嫩者拍小块，以酱油、醋、香油沃之，或同面筋或豆腐拌食，均脆美。以冬菜或春菜㸆汤，风味尤佳。

【译】嫩胡瓜拍成小块，用酱油、醋、香油拌了，也可以和面筋或者豆腐拌着吃，都很香脆味美。同冬菜或者春菜一起炖汤，味道更好。

【评】胡瓜：也称青瓜，凉、甘，解酒、减肥。可以做凉菜，如“五丝瓜筒”“酸辣黄瓜皮”，又可做热菜的配料，如“滑熘里脊”“炒木须肉”等。（佟长有）

南瓜

微似倭瓜而色白，无磊砢②。京师名曰南瓜，陕西名曰损瓜。京师形圆，陕西形稍长。此瓜多不喜食。然切为细丝以香油、酱油、糖、醋烹之，殊为可口。其老者去皮切块，油炒过，酱油煨熟亦甚佳也。

【译】南瓜有点像倭瓜，但颜色是白色的，形状不一。京师里叫作南瓜，陕西叫作损瓜。京师的南瓜外形圆，陕西

①胡瓜：即黄瓜。

②磊砢：意众多貌。

的稍长一些。这瓜有很多人不爱吃，然而将它切丝以后用香油、酱油、糖、醋一起烹了，还是十分可口的。老一点的削皮后切块，用油炒过后加入酱油煨熟也很好吃。

搅瓜[①]

瓜成熟，放僻静处，至冷冻时，洗净。连皮蒸熟。割去有蒂处，灌入酱油、醋，以箸搅之，其丝即缠箸上，借箸力抽出，与粉条甚相似。再加香油伴食，甚脆美。秦中有此种。

【译】搅瓜成熟以后放在僻静的地方，到冷冻的时候，洗净，连皮蒸熟。从瓜蒂的部位切开，灌入酱油、醋，用筷子搅动，等到里面的丝缠在筷子上的时候，利用筷子把丝扯出来。这些丝形状跟粉条差不多，加入香油拌着吃，十分脆美。陕西有这种做法。

【评】搅瓜：瓤肉金丝缕缕，自然成形，金黄润泽，像鱼翅筋，口感似海蜇般清脆，所以又被称为金丝搅瓜。可拌，可炒，可烧。（牛金生）

壶卢[②]

壶卢味淡不中食，切长方块，入油锅炸过，以酱油、酒煨之，颇佳。余馆惠菱舫都转[③]家，其厨人如此作。

【译】葫芦味淡，口感不好。将它切成长方形的块，放

---

①搅瓜：又叫搅丝瓜。《植物名实图考》："搅丝瓜生直隶，花叶俱如南瓜，瓜长尺余，色黄，瓤亦淡黄，自然成丝，宛如刀切。以箸搅取，油盐调食，味似撇兰。"

②壶卢：即葫芦。

③都转：清代简称都转盐运使司运使为盐运使，因以"都转"为盐运使的称呼。

在油锅里炸过后，再用酱油和酒一起煨熟，很不错。我住在惠菱舫盐运使家里的时候，他的厨师就是这样做的。

【评】壶卢：二字纯为笔误，北京叫“葫芦”，嫩时摘下切条晾晒后即为葫芦条，北京周边远郊区县均有出产，泡药煮透可烧、可拌，是当下农家乐常用地产食材之一。（牛金生）

蒸山药

刮去皮，切长方块，或不切，放盘中，以白纸覆于其上蒸之。蒸烂，糁[1]糖食，甘腴而有清芬，嘉蔬也。不覆以纸，则蒸露下渍，山药之色变矣。

【译】将山药刮去皮，切成长方形的块，不切也可以。放在盘中，盖上白纸后蒸烂，拌上糖吃，甘腴而且有清芬的味道，好菜啊！蒸的时候上面不盖纸，笼屉里的水就会掉在山药上，山药的色就变了。

炸山药、咸蒸山药

切块，按五分厚、一寸宽长，以豆腐皮包之，外缠以面糊，以油炸之。此即《随园》所谓素烧鹅也。再如前法炸过，饤[2]碗加汤蒸之，亦软美。

【译】将山药切成五分厚、一寸宽的方块，用豆腐皮包起来，外面再裹上面糊，放在油里炸。这就是《随园食单》

①糁：应为“掺”。

②饤（dìng）：旧指堆迭于器皿中的菜蔬果品。

里所说的素烧鹅。按照这种方法炸过以后，叠放在碗里蒸过，也很美味。

【评】文中此法，当下承办素斋的素菜馆均有售，是在前人的基础上做了有益、有效的调整，如添加了入过味的卤香信及冬笋、南荠等。（牛金生）

拔丝山药

去皮，切拐刀块，以油灼之，加入调好冰糖起锅，即有长丝。但以白糖炒之，则无丝也。京师庖人喜为之。

【译】山药去皮后切拐刀块，用油烧一下，加入调好的冰糖后起锅，就有了长丝。如果用白糖炒就不会有丝了。京师的厨师喜欢做这道菜。

【评】拔丝：为一种甜菜的烹调方法，是京城厨师的俏活儿，较讲究技术。拔丝菜炒糖分油炒、水炒、油水混合炒或干炒技法。现在炒糖一般用绵白糖和砂糖。（佟长有）

拔丝山药一菜在北京、天津、山东、东北等地区较为流行。有拍粉炸和清炸之分，东北地区“挂浆山药”多用拍粉炸，拍粉炸好处有二：一色匀，二膨松鼓利，装盘丰满出成高。炒技丝也叫“炒糖”，方法因厨师喜爱而定，一般有水炒、油炒、水油混合炒或干炒之区分。（牛金生）

山药鬻

山药去皮煮熟，捣碎，钉碗内，实以澄沙，入笼蒸透，翻碗，再加糖□□□□□□□□□(原注:䶊音泥,杂骨酱也,有骨曰䶊,无骨曰醢,凡淖糜之菜皆可以䶊名之,近人俱书作泥,太不典)。

【译】山药去皮以后煮熟,捣碎,放在碗里,再装上滤后的细豆沙,放在笼屉里蒸熟,把碗翻过来,再加糖……。

【评】䶊:代表酱的意思,这里应表现为豆沙。这种菜肴烹调应定为酿馅法,从此法也发展为今日的"八宝饭",也是此种手法。(佟长有)

这种做法较为朴实,但当今流行趋于粗菜精做,像山药泥之法,又派生出了"蜜枣扒山药""蜜汁金枣"等既美观漂亮,又营养美味,而且还体现厨师厨艺的高超水平。(牛金生)

山芋[1]

古称蹲鸱[2],今谓马铃薯,秦中名曰羊芋,□□□□□□□□□□□□□□□□□□,再以酱油烹之,加汤煨熟,至腴美也。

【译】古称蹲鸱,现在称作马铃薯,陕西叫作洋芋,……再用酱油烹了,加水煨熟,非常美味。

山芋圆

山芋去皮蒸熟,以木杵臼捣之,愈捣愈粘。捣成,加盐及姜米丸之,以粉面,以猛火溜炸之,搭芡起锅。或不搭芡即可。

【译】山芋去皮蒸熟后,用木杵、木臼捣,越捣越粘,

①山芋:书中所述为马铃薯(土豆),今作甘薯的俗称。

②蹲鸱:古代对芋艿(芋头)的异称。

捣碎后加入盐和姜粒制成丸子，沾上粉面，用猛火溜炸，勾芡后起锅。不勾芡也可以。

红薯

京师名曰白薯，即蕃薯。去皮切片，以醋馏法炒之，甚脆美也。京师素筵，每以白薯切片，或切丝入溜锅炸透，加白糖收之，甚甘而脆。

【译】京师称之为白薯，也就是番薯。削皮切片，用醋溜的方法炒，非常美味。京师的素菜筵席，也将它切成丝以后放入锅里炸透，加入白糖后起锅，又甜又脆。

注：原文“加白糖收之”，按字面意思翻译可能有误。如果理解为“加入白糖出锅”似乎不合情理。也可能是“沾白糖吃”。

【评】红薯：京城有道茶食与此菜相似，叫作“白薯铃”，如果用土豆做此菜就叫“土豆铃”。

做法是：先将白薯洗净、去皮、切成薄片，摊开略用风吹一会儿；油锅放油，上火至油温六七成热，下白薯片炸至金黄酥脆出锅；净锅上火，放入糖稀及白糖炒浓，下入炸好的白薯片及少许青红丝出锅，可凉食。（佟长有）

红薯亦称红苕，有白瓤、红瓤之分。文中所述的烹制方法有误，是老北京人茶余饭后的零食。应当是白薯切片淘过炸至焦脆，再炒糖拌匀，撒上青红丝或果脯粒，然后拨散晾凉食用，香甜适口，酥脆甘香，故名“茶食”。（牛金生）

茄子

削去皮，横切厚片，一面剺斗方纹，一面不剺。香溜灼过，以水加盐闷之，不用酱油，甚腴美也。

【译】茄子削皮，横切厚片，一面用刀划菱形（方形）纹，一面不划，用油溜炒过后加盐焖熟，不放酱油，非常美味。

慈姑

味涩而燥，以木炭灰水煮熟，漂以清水则软美可食。

【译】慈姑味道涩而且比较干，加入木炭灰的水煮熟以后，再用清水洗干净食用，又软又美味。

【评】慈姑又叫慈菇，也叫白地栗。形态、齿感像荸荠，只是外皮为白色。烹饪中常与鸡鸭搭配，如川菜“慈菇烧鸡公”或京菜“黄焖栗子鸡”，有时因原料不凑手，即换成慈菇烧制。（牛金生）

馏荸荠

荸荠煮熟去皮，整个缠以粉糊，猛火溜炸之，搭芡起锅，甚脆美。

【译】荸荠煮熟以后去皮，整个裹上粉糊，猛火溜炸，勾芡后出锅，非常脆美。

炒荸荠

煮熟去皮切片，与腌芥菜丁同炒甚清脆。

【译】把荸荠煮熟后切成片，同腌荠菜丁一起炒非常清脆。

荸荠圆

煮熟去皮，捣极碎，加盐及姜末丸之，入猛火溜锅炸透，搭芡起锅，外脆而里软美，有佳致也。

【译】荸荠煮熟后去皮，捣到极碎，加入盐和姜末团成丸子，放入猛火溜锅炸透，勾芡后起锅。外脆而里软美，很有味道。

茭白

菰俗名茭白。切拐刀块，以开水瀹过，加酱油、醋费，殊有水乡风味。切拐刀块，以高汤加盐、料酒煨之，亦清腴。切芡刀块，以油灼之，搭芡起锅，亦脆美。

【译】菰俗称茭白，切拐刀块，用开水煮过，加入酱油、醋费拌着吃，很有水乡的特色。也可以切成拐刀块，放入高汤，加盐、料酒一起煨熟，也很清腴。切成芡刀块，用油灼过，勾芡后出锅，也很脆美。

【评】茭白：可焖、熘、炒，如“虾子茭白”“糟烩茭白”等。拐刀块应为滚刀块。（佟长有）

芋头

以酱油、醋、酒闷烂，或蒸熟蘸糖，亦可备素蔬一种，然味淡质粘，非佳品也。

【译】加入酱油、醋、酒焖烂，或者蒸熟后蘸糖吃。也可以当作一种菜，但是味道淡，吃起来粘，不好。

烧冬笋

冬笋惟以本汤煨之，最为清永。次则切拐刀块，以油灼之，搭芡起锅，为脆美也。余作法甚多，大概与他物配搭，不赘述。

【译】冬笋只有用原本泡冬笋的水煨，才最清永、好吃。其次是切拐刀块，用油灼，勾芡后出锅，非常脆美。其他的做法也很多，但大多数是与其他食物搭配加工，此处不做赘述。

小豆腐

毛豆角，去荚取豆，捣碎，以高汤煨熟，微搭芡起锅，甚鲜嫩。

【译】把毛豆角去掉荚，把豆子取出来，捣碎，加入高汤煨熟，稍勾芡后出锅，非常鲜嫩。

嫩黄豆

从荚中取出豆，以高汤与豆腐丁同煨。或与发开葛仙米同煨。或单煨黄豆，均软美。

【译】将豆子从豆荚中取出，加入高汤和豆腐丁一起煨熟。也可以和发开的葛仙米一起煨。还可以单煨黄豆，几种做法都很绵软味美。

掐菜

绿豆芽，拣去根须及豆，名曰掐菜。此菜虽嫩脆，然火候愈久愈佳。不惟掐菜松脆，菜汤亦大佳也（原注：掐音恰，《说文》爪刺也，《玉篇》爪按曰掐）。

【译】绿豆芽去掉根须和豆子，就成了掐菜。这个菜虽然又嫩又脆，但是火候越久越好。掐菜不只松脆可口，就是它的菜汤也是好东西。

【评】掐菜：此菜炒制最要火候和手艺，炒好此菜即口感脆嫩，没豆腥味，也不出较多的汤水。做掐菜品种尤其京城以“炉鸭丝炒掐菜”“炒合菜”为最鲜美。（佟长有）

掐菜是北京人对绿豆芽掐去两头的称谓，南方叫银芽或银针。北京饮食行业把只掐去根须而留有豆瓣的豆芽叫“丁香”，名菜有“炒丁香戴帽”“炒鸡丝掐菜”。（牛金生）

炒鲜蚕豆

鲜蚕豆，去荚，更剥去内皮，以香油炒熟，微搭芡起锅，甚鲜美。

【译】新鲜的蚕豆去掉荚，再剥去里面的皮，用香油炒熟，稍勾芡后出锅，非常鲜美。

炒干蚕豆

浸软剥去皮，以香油与冬菜或荠菜同炒，或止蚕豆，均佳。

【译】干蚕豆泡软后剥去皮，用香油和冬菜或荠菜一起炒，也可以单炒，都好吃。

【评】蚕豆：北京人把干蚕豆水发后并去皮叫作“芽豆”。加少许雪菜同烧，红汁、勾芡成菜一般叫作“烩芽豆”。（佟长有）

蚕豆糜

煮过汤之蚕豆，压碎，以白糖加水炒，甚甘美。或不炒，以糖拌匀，亦佳，可冷食。

【译】把用水煮过的蚕豆压碎，用白糖加水后，炒着吃，又甜又美味。不炒，用糖拌着吃，也不错。可以冷食。

【评】文中所描述的烹饪方法，近代更是变化多样，如川菜名肴“古月胡三合泥”“炒胡豆泥”等。（牛金生）

白扁豆糜

白扁豆，浸软，去皮，煮熟，研碎，入香油炒透，以白糖加水收之，甘美腴厚。

【译】把白扁豆泡软去皮后，煮熟，磨碎，加入香油后炒透，用白糖加水后收汁出锅，口感甘美醇厚。

【评】北京有一道甜菜“炒豌豆泥”与此相近，做法基本相同，此菜颜色翠绿，口味香甜，软糯细腻。（佟长有）

洋薏米

洋薏米亦似中国之薏米，惟颗粒小耳。然其腴嫩，非中国薏米可及也。浸软煮熟，再加糖煨之，甘腴无伦。

【译】国外的薏米和国内的薏米很像，只是颗粒小一点而已。然而它果肉肥腴鲜嫩，国内的薏米是比不了的。泡软后煮熟，加糖煨熟，甜美的味道没的比。

豇豆

秦中豇豆有二种。一曰铁杆豇豆，宜瀹熟，以酱油、醋、芝麻酱拌费，甚脆美。一曰面豇豆，稍肥大，以香油、酱油闷熟，味甚厚，以其面气大也。

【译】陕西的豇豆有两种，其中一种叫铁杆豇豆，煮了以后，用酱油、醋、芝麻酱拌了吃，十分脆美。另一种叫面豇豆，稍肥大一些，用香油、酱油焖熟，味道浓郁，因为它面气大一点。

注：面，方言，指某些食物纤维少而柔软。

刀豆、洋刀豆、扁豆①

刀豆，一名四季豆。摘嫩荚，去其两边之硬丝，切段，以酱油炒熟。或以水瀹，加酱油食、香油闷熟食均佳。若与豆腐烩汤亦美。洋刀豆、扁豆照作。

【译】刀豆，也叫作四季豆，摘取嫩的刀豆，去掉两边的硬丝，切段，用酱油炒熟，或者用水煮熟后加酱油食用，或者用香油焖熟食用都很不错。如果与豆腐一起烩汤也是美味。洋刀豆、扁豆按此做法加工。

①刀豆、洋刀豆、扁豆：书中指刀豆为四季豆（菜豆），实误。洋刀豆为四季豆。

嫩豌豆

去荚，以冬菜，或春菜，或豆腐丁同㷭，均佳。稍老则以盐、姜米加水煨熟，尤腴美。

【译】嫩豌豆去掉豆荚，用冬菜或者春菜或者豆腐丁一起㷭，都很不错。老一点的用盐、姜粒加水后煨熟，更加腴美。

【评】豌豆：北京宫廷菜有“烩鲜豌豆”和“炒豌豆酱”最为出名。尤其宫廷四大酱为御宴和满汉席的重要菜品，四大酱还有“胡萝卜酱”“炒黄瓜酱”“炒榛子酱”。（佟长有）

百合

去皮尖及根，置盘中，加白糖蒸熟，甚甘腴。不宜煮，煮则味薄，粉气全无矣。秦中百合甚佳，京师百合味苦，不中食。

【译】百合去皮、尖及根，放在盘里加上白糖蒸熟，十分甘腴。百合不适合煮，煮的话味道就淡了，粉气（即其特有的美味）也就没有了。陕西出产的百合很好，京师的味道有点苦，不好吃。

藕

切片以糖蘸食，最佳。以水瀹过，盐、醋、姜末沃之，尤为清脆。或炒或煮，均失清芬。

【译】藕切片用糖蘸着吃，最好吃。用水煮过，蘸盐、醋、姜末吃，十分清脆。炒或者煮，都失去了它的清芬。

藕圆

藉煮熟切碎，与煮熟糯米同捣粘，作成丸子，以油炸过，加糖水煨之，略搭缱起锅，颇甘腴。荸荠亦可照作，惟用粉不用糯米耳。

【译】藕煮熟后切碎，加入煮熟的糯米，一起捣粘，做成丸子。用油炸过以后加糖水煨熟，稍微勾芡后起锅，十分甘腴。荸荠也可以这么做，只是不要用糯米而要用粉。

煮莲子

莲子以开水浸软，去皮心。再以开水煮烂，加冰糖或白糖食之，加糖渍黄木樨少许，尤清芬扑鼻也。莲子始终不敢见生水，见生水则还元，生硬不能食矣。

【译】莲子用开水泡软后，去掉皮和心。再用开水煮烂，加入冰糖或白糖食用，加入一点用糖泡过的黄木樨，更加清芬扑鼻。莲子始终不能接触未烧开的水，接触过未烧开的水就会变得跟煮之前一样硬，生硬而不能食用。

蜜炙莲子

莲子煮熟如前法，晾干水气。以蜜、白糖加水和匀炙之，浪即起锅，甚甜浓。刘心斋中书[①]喜为之。

【译】莲子用上述方法煮熟，晾干水分。用蜜、白糖加水炙（烤），烧滚就出锅，十分甜浓。刘心斋中书喜欢这么做。

注：炙的意思为烤。但用在这里结合上下文又觉不妥。

【评】上述的烹饪方法就是现在的“蜜汁莲子”。但一般是将去芯莲子上屉蒸熟后，或糖熘，或蜜汁。北京名菜“拔

①中书：官名。明、清掌撰拟、记载、翻译、缮写者。

丝湘莲”就是将莲子蒸发后，蘸干糊炸成金黄色，然后炒糖制成拔丝菜。成菜金丝缕缕、绵绵不断，莲子外焦内软、甘香绵软。（牛金生）

蜜炙栗

栗子煮熟，去内外皮，以蜜糖炙之。如炙莲子法，甘美无似。亦心斋中书法。

【译】把栗子煮熟，去掉两层皮，用蜜、糖一起炙（烤），如炙莲子法，味道甘美无可比拟。这也是刘心斋中书的做法。

银杏

俗名白果。敲去外皮，煮五成熟，去内皮，换水熟。或甜食，或咸食，均腴而腻，不甜俗也。

【译】银杏俗称白果，去掉外皮，煮五成熟，再去掉内皮后换水煮熟。沾糖吃、沾盐吃都肥美而不腻。不甜俗啊。

金玉羹

山药、栗子同煨，取其黄白相配，名曰金玉羹。加糖食，亦甘亦腴。见《山家清供》，以其为古法也，存之。

【译】山药、栗子一起煮，取其颜色上黄白相配，称之为金玉羹。加糖食用，又甜又肥美。这种做法记载在《山家清供》上，因为是古老的做法，所以记录了下来。

咸落花生

落花生，剥去粗皮，以盐水煨之。火候愈久愈佳，颇鲜美，以佐茶食甚佳也。

【译】花生，剥去外皮，用盐水煨，火候越久越好，十分鲜美，用来当做佐茶的食品很好。

煮落花生

落花生，入水煮半熟，去内皮，倾去原煮之水，换水煨极烂，加糖并微搭芡食，味绝似鲜莲子，甚清永也。法舟上人遗法。

【译】花生，放在水里煮到半熟后捞出去掉内皮，倒掉原来的水，换水煨到极烂，加糖并稍稍勾芡食用，味道绝对很像鲜莲子，十分清永。这是法舟上人遗留下来的做法。

枣羹

大枣煮熟，去皮核，搓碎，装入碗内。实以澄沙，或扁豆，或薏米，或去皮核桃仁，加糖蒸透，翻碗，枣上再覆以糖，甚为甘美。实山药羹又别一风味也。此亦法舟上人造法。

【译】大枣煮熟以后去皮去核，搓碎后装在碗里，再放上过滤后的细豆沙，也可以放扁豆或薏米或去皮后的核桃仁，加糖蒸透，然后把碗翻过来，枣上再撒糖，十分甘美。相比于山药羹，别有一番味道。这也是法舟上人的做法。

罗汉菜

菜蔬瓜蓏之类，与豆腐、豆腐皮、面筋、粉条等，俱以香油炸过，加汤一锅同闷。甚有山家风味。太乙诸寺[1]，恒

①太乙诸寺：指太白山上的寺院。太乙，陕西郿县南，又叫太白山。

用此法。鲜于枢[1]有句云："童炒罗汉菜"，其名盖已古矣。

【译】蔬菜瓜蓏，和豆腐、豆腐皮、面筋、粉条等都用香油炸过以后，加汤在锅里一起焖。很有山野人家的饮食特色，太白山上的各家寺庙，常常用这种做法。鲜于枢就说过"童炒罗汉菜"，这菜名的由来已经很久远了。

【评】罗汉菜：此为前人素食的共烹之产物，后人也研制了许多素食菜品，如当今"罗汉斋""素什锦"等。（佟长有）

菜鬻

菜之新摘者，不拘菘、芹、芥、菠薐之类，洗净，切碎，同煨极烂，风味绝佳。此曾文正公遗法也。

【译】新摘的菜，菘、芹菜、芥菜、苋菜、菠薐等菜都可以，洗净后切碎，一起煨到极烂，风味绝佳。这是曾国藩留下来的做法。

果羹

莲子浸软，去皮心如前法。白扁豆浸软去皮，薏米浸软。同实碗中作三角形，不要太满。再加糖与开水，少加糖渍黄木樨或糖渍玫瑰，入笼蒸极烂。翻碗。以糖和芡浇之，甚甘美。此京师回回元兴堂作法。其余食肆皆有之，庖人皆为之，俱以水煮熟加糖食之后，全失脓腴馥芬之致矣。

【译】莲子泡软，用前述的方法去掉皮和心。白扁豆泡软后去皮，薏米泡软。一起放在碗里做成三角形，不要太满，

①鲜于枢：人名。元书法家、诗人。

再加入糖和开水，稍加一点用糖泡过的黄木樨或玫瑰，放入笼屉蒸到极烂。翻过来取掉碗，浇上糖和芡粉，十分甘美。这是京师回族“元兴堂”的做法。其他饭馆也有这道菜，厨师在做的时候都是用水煮熟以后加糖来食用的，完全没有了它浓郁馥芬的美味。

罐头

罐头食物，殊不新鲜，然可备不时之需，如冬笋、摩菇、豌豆、栗子、胡瓜、菱角之类。菜乏时，亦可采用。故附记。

【译】罐头这种东西，非常不新鲜。但是可以用来应对突发情况。如冬笋、蘑菇、豌豆、栗子、胡瓜、菱角之类。新鲜的蔬菜匮乏的时候，也可用拿来食用。所以一同记载下来。

卷三

豆腐

豆腐作法不一，多系与他味配搭，不赘也。兹略举数法。一切大块入油锅炸透，加高汤煨之，名炸煮豆腐。一不切块，入油锅炒之，以铁勺搅碎，搭芡起锅，名碎馏豆腐。一切大块，以芝麻酱厚涂蒸过，再以高汤煨之，名麻裹豆腐。一切四方片，入油锅炸透，加酱油烹之，名虎皮豆腐。一切四方片，入油锅炸透，搭芡起锅，名熊掌豆腐。均腴美。至于切片以摩姑或冬菜或春菜同煨，则又清而永矣。

【译】豆腐的做法各不相同，但是大多是与其他菜品搭配食用，不多赘述。只略举几种做法。第一种切大块放入油锅里炸透，加入高汤煨熟食用，叫作炸煮豆腐（叫作煮炸豆腐更为贴切）。第二种不切块，放入油锅里炒，用铁勺捣碎，勾芡后出锅，叫作碎溜豆腐。第三种切大块，涂一层厚厚的芝麻酱后蒸，然后再加入高汤煨熟，叫作麻裹豆腐。第四种切成四方片，放入油锅炸透，加入酱油烹调，叫作虎皮豆腐。还有一种切四方片，放入油锅炸透，勾芡后出锅，叫作熊掌豆腐。几种做法都很腴美，至于切片后，和蘑菇或冬菜或春菜一起煨，就十分清永了。

【评】豆腐按点卤方法分为“卤水豆腐”（北豆腐）、用石膏凝固又叫“南豆腐”，适用于诸多烹调方法。现在有

出现用葡萄糖酸内脂点浆的“内脂”豆腐，用鸡蛋加豆浆做的鸡蛋豆腐。名菜层出不穷。（牛金生）

豆腐羹

豆腐切碎，酌加酱豆腐及粉面，以水和匀，以香油爆之。若稠，再加水和匀，令适于匙取方得。

【译】豆腐切碎，依个人口味加入酱豆腐和粉面，用水和匀，用香油炒。如果觉得稠就加水搅匀，以方便用汤匙取用为标准。

炒豆腐丁

豆腐切丁，加香蕈丁、蘑菇丁、笋丁、松子仁、瓜子仁、冬菜等，同以香油炒过，再加高汤煨之。用勺不用箸。

【译】把豆腐切丁，加入香蕈丁、蘑菇丁、笋丁、松子仁、瓜子仁、冬菜等，一起用香油炒过，再加入高汤煨熟。吃的时候用勺不用筷子。

酸辣豆腐丁

豆腐切丁，以油炸过，再以酱油、醋、辣面烹之，殊为爽口。余所嗜食者也。

【译】豆腐切丁，用油炸过，再用酱油、醋、辣椒面一起烹，十分爽口。我很喜欢吃的食物。

玉琢羹

豆腐切碎，酌加豆粉，以水和匀如稀粥状。以油炒之，开即起锅，用勺不用箸。或以煮熟山药代豆腐，亦佳。此法亦舟上人遗法。

【译】豆腐切碎，酌情加入豆粉，用水和匀，搅成稀粥一样。用油炒，烧开就出锅，吃的时候用用勺子不用筷子。也可以用煮熟的山药代替豆腐，也很好。这种做法也是法舟上人遗留下来的做法。

豆腐圪圠

豆腐擘极碎，以碗豆面作糊和匀，入锅摊成饼，按二分厚，再于笼上蒸过。俟冷，切块，以粉面，入猛火油锅炸之，搭芡起锅，甚软美而脆。

【译】豆腐掰到极碎，用豌豆面做糊和匀，放在锅里摊成大约二分厚的饼，再放在笼屉里蒸熟，等到冷了以后切成块，沾上粉面，放入猛火油锅里炸，勾芡后出锅。十分软美且爽脆。

【评】豆腐圪圠：此菜在北京叫作饹馇，以绿豆面为主要原料制成。其实北京还有另外一种叫饹馇馅，是通州西集镇沙古堆产的，用去皮的绿豆磨出浆，烙成薄薄的片，再卷成卷炸食，外脆酥。

京城的饹馇，现在用杂豆面先蒸后烙成长 20 公分、宽 10 公分、厚 1 公分的长方形饼状，可用干炸法制成菜品，为焦炸饹馇。饹馇改刀（一字条或菱形块）用七成热油锅炸焦，蘸食，用酱油、香油、蒜泥兑成的调味汁吃，外焦里嫩，蒜香味浓郁。还可用肉丝、青韭炒炸过的饹馇，加酱油、盐、

白糖、水淀粉，称为“肉丝炒饹馇”。（佟长有）

这里说的即是北京通州特产，起源于京杭大运河的煎饼。由于受潮，煎饼回软不好吃，所以人们就将其热油煎炸了再吃，口感又酥又脆。后经不断升级改造，则由绿豆面摊皮后卷卷儿炸，才有了“京东”名吃饹馇饸。（牛金生）

罗汉豆腐

豆腐切小丁，与松仁、瓜仁、蘑菇、豆豉屑酌加盐拌匀。取粗瓷黄酒杯，装满各杯。先以香油入腐熬熟，再以装好豆腐覆于锅上，加高汤、料酒、酱油煨之。汤须与各杯底平，时以勺按杯上，使其贴实，俟汤将干，起锅去杯。此天津素饭馆作法，颇佳。

【译】豆腐切成小丁，与松仁、瓜仁、蘑菇、豆豉屑，酌情放盐，搅拌均匀，装在粗瓷黄酒杯里。先用香油入腐熬熟，再把装好豆腐的杯子倒放在锅里，加入高汤、料酒、酱油煨，汤要和杯底平齐，并经常用勺子按豆腐，以使其密实。等到汤快熬干的时候取出杯子。这是天津素食饭店的做法，很好。

【评】罗汉豆腐：此款菜既古老又传统。后人发展有两款菜既类似又有创新，一为“八宝豆腐”，二为“罗汉酿豆腐”，都是用多种原料的菌类或素食与豆腐相配完成的一道纯素菜。如马蹄、木耳、胡萝卜、草菇、冬笋、黄花菜等。（佟长有）

此菜现已改良。方法是将未点的豆浆中加入各种果仁或笋或时蔬，然后点卤灌入容器一次成型，更为方便快捷，用

此法改良的“百花豆腐”可烧、煨，也可软熘。（牛金生）

摩姑煨腐皮

以作成腐竹，用开水浸软，切段，与蘑菇同煨，风味甚佳。或以腐皮与笋尖、笋片同煨，亦清爽。

【译】把已经做好的腐竹用开水泡软，切成段，与蘑菇一起煨，味道很美。或者用豆腐皮和笋尖、笋片一起煨，也很清爽。

雪花豆腐

即磨成未点之豆腐，以切碎笋丁或小芥菜菜丁同入锅炒之，酌加盐，不用酱油。殊有田家风味。

【译】也就是磨成但没有点的豆腐，加入切碎的笋丁或小芥菜丁一同放入锅里炒，酌情加盐，不放酱油。很有田园风味。

【评】雪花豆腐：从用料和烹调方法及调味均与后人创制的“北京家常豆腐”极为相似。如“葱花炒豆腐”，都是只用盐不用酱油的干炒法来完成。成菜颜色洁白，口味咸鲜，软糯适口。（佟长有）

豆腐丝

京师名豆腐丝，陕西名千张，市上均有卖者。以高汤同笋丝煨之，或以酱油、醋拌食，或以酱油炒食，均佳。

【译】京师称作豆腐丝，陕西叫千张，市场上都可以买到。

用高汤和笋丝一起煨，也可以用酱油、醋拌着吃，还可以加入酱油炒着吃，很美味。

泡儿豆腐

冷豆腐，切块，入笼蒸透，晾凉，于油锅内炸之，可以发开。

【译】冷豆腐切块以后放入笼屉蒸透，晾凉，放在油锅里炸了，可以发开。

【评】泡儿豆腐：此菜原料是冷豆腐，可蒸可不蒸。用刀切成方丁或三角片，用七成热油锅中炸至豆腐发起，北京人称之为“豆腐泡儿”。豆腐泡儿可做北京小吃“卤炸豆腐”，三角片豆腐泡儿加水发木耳、青蒜做成“虎皮豆腐”，做成川菜“家常豆腐”。（佟长有）

北京地区叫“炸豆腐泡儿”，炸时应火冲油热，方能六面鼓胀，色泽金黄。（牛金生）

面筋

面筋用水瀹过，再以白糖水煮之，则软美。

【译】面筋用水煮过再用白糖水煮，又软又美味。

五味面筋

面筋切块，以酽茶浸过，再以糖、醋、酱油煨之，略加姜屑，味颇爽口。

【译】面筋切块，用浓茶泡过，再用糖、醋、酱油一起煨透，再稍加点姜末，味道十分爽口。

糖酱面筋

煮熟面筋，以糖及酱油煨透，多加熬熟香油起锅，可以久食。

【译】煮熟面筋，用糖和酱油煨透，加入已经熬熟的香油出锅。香油要多放。可以吃很久。

罗汉面筋

生面筋，擘块，入油锅发开，再以高汤煨之，须微搭芡。京师素饭馆六味斋作法甚佳。

【译】生面筋，掰成块状，放在油锅里发开，再加入高汤煨，一定要稍稍勾芡。京师饭馆六味斋的做法很不错。

【评】此文中提到京师素菜馆六味斋，经查确有一号（当时山西也有，不是一家）。几十年前店中的厨师长熊广兴从扬州来京，简直是素菜的典范，做出素菜无论是用蘑菇做的“炒鳝鱼丝”、竹笋做的“白扒鱼翅”，还是蔬食做成的“扒八素”，顾客吃后都赞不绝口。

20世纪60年代，我当时十八九岁，在东安市场与后来的素菜大师周书亭在森隆饭庄共事，至今才知道素菜大师周书亭是当时六味斋厨师长熊广兴的高徒。（佟长有）

麻豆腐

麻豆腐，乃粉房所撇之油粉，非豆腐也。以香油炸透，以切碎核桃仁、杏仁、酱瓜、笋丁及松子仁、瓜子仁，加盐搅匀煨之，味颇鲜美。

【译】麻豆腐，就是粉房制作粉条时不要的油粉，不是豆腐。用香油炸透，加入切碎的核桃仁、杏仁、酱瓜、笋丁以及松子仁、瓜子仁，放盐后搅拌均匀并且煨熟，味道很鲜美。

【评】炒制麻豆腐，有羊油和素油两种。今人做麻豆腐加青豆、雪里蕻，用京黄酱一起炒熟、炒透，然后撒上韭菜末，炸上辣椒油即可。此菜从原料上看不名贵，据传慈禧绝喜此物。（佟长有）

我觉得这里说的麻豆腐似乎不是老北京的“炒麻豆腐”，而类似“炒豆腐渣”。（牛金生）

麻粉

玉米去皮，煮熟晒干，入油锅以先文后武火火炸之，可发开如龙眼核大，搭芡起锅。食者或不识其为何物也。

【译】玉米去皮后煮熟晒干，放入油锅先用文火后用武火炸，可以发开到龙眼核大小，勾芡后出锅。食用者有可能都不认识它是什么做的。

注：疑是将玉米粒入油锅，而非整个玉米。

麻茶酱

芝麻酱入盐及清茶少许搅之，愈搅愈稠。可以箸取。吃饭、吃粥、吃饼，无不相宜。香能醒脾，润可养液，非仅蔬中美味也。

【译】芝麻酱放入盐及清茶后，稍稍搅动，越搅越稠，

（直到）可以用筷子夹取（的程度）。吃饭、喝粥、吃饼，都可以伴食。其香气可以醒脾，其温润可以养液。不仅是蔬菜中才有的美味啊。

卷四

粥

粥为人一日不可缺者，然煮之不得其法，则不足以益人。粟米、黄米、粳米最佳，其余杂粮则稍逊矣。煮粥须水先烧开，然后下米，则水米易于融和。粥须一气煮成，否则味便不佳。煮粥以泉水为上，河水次之，井水又次之。井水之稍咸苦者，皆不宜也。煮粥须按米多少，水少则过浓，水多则过薄矣。煮粟米粥，初下米时，加生香油一匙，粥煮成时，但觉其味厚而腴，而不知有油味，加油迟则不可下咽矣。粟米粥加淡红小豆颇佳，豇豆、刀豆、白红扁豆亦可，若绿豆、黄豆、黑豆，皆不宜。不加豆，米将熟时，加荠菜、邪蒿、白菜、菠菜、芹菜等作菜粥，尤佳。黄米性粘，煮粥甚浓厚，惟不宜加豆。粳米粥须用生米，蒸过者不佳也。粳米粥名目甚多，略列于后。荷叶粥，鲜荷叶一片，以水煮数滚，去荷叶，下粳米，味极清香。惟荷叶水内，须著生白矾少许，否则粥色红而不绿。腊八粥，以栗子、芡实、菱米、莲子、薏米、白扁豆、松子仁、核桃仁之类，与粳米同煮，粥成加糖，腊八日以供佛，故名佛粥。人家于此日，亦以此粥相餽遗，故放翁有“今朝佛粥更相餽”之句也。其实腊八粥加糖，亦近日相习如此。按《岁时杂记》“八日僧家以乳蕈、胡桃、百合等造七宝粥”，亦谓之咸粥，可见加糖尚非其旧。其余如扁豆、莲子、薏米、百合之类，与何者同煮，即名何粥，初无一定之法，不能缕述也。此外如大麦仁粥，大麦碾去皮，或磨作粒均可，与豌豆同煮，尤佳。青稞麦磨作小粒，煮作亦佳。高粱碾去皮煮粥，亦佳。稗子粥，稗子碾米煮粥，予在天津尝食之，此蓟州所出稗子。吾乡之稗子，不中食也。玉米粥，玉米陕西名包谷，碾成粒，煮粥甚佳。与山芋切块同煮，南山人名曰糊汤（糊读若沍），终年食之。杂粮以此为佳品也。兹再将粳米粥之可以培补却病者，附之于后，以备养生者孚焉。薏米粥，除湿热，已泻。莲子粉粥，健脾胃，止泄痢。芡实粉粥，固精，明耳目。菱实粉粥，益肠胃，解内热。栗子粥，补肾，益腰脚。核桃仁粥，补命门火，宜少加盐。白术末粥，健脾胃，去风湿，宜加糖。

【译】粥是人每天都离不开的，然而煮的方法不对，则不能最大限度地滋养人。粟米、黄米、粳米用来煮粥最好，其余杂粮稍差一点。煮粥一定要先把水烧开，然后下米，这样米才不会粘在一起。粥要一次性煮好，要不然味道就不好了。煮粥用泉水最好，用河水就略差一点，井水又差一级。井水稍咸或稍苦都不适合用来煮粥。煮粥要根据米的多少加水，水少就太稠，水多则太稀。煮粟米粥，刚下米的时候，加入一勺生香油，粥煮好时，只会觉得味道醇厚丰腴，而不会感到有油味，油放晚了就难以下咽了。在粟米粥里加入淡红小豆最好，豇豆、刀豆、白扁豆、红扁豆都可以，不能放绿豆、黄豆、黑豆。不加豆类，在米快要熟的时候加入芥菜、邪蒿、白菜、菠菜、芹菜等做成菜粥，更美味。黄米具有粘性，煮粥会很浓稠，不适合加豆类。粳米粥要用生米，蒸过就不能再用来煮粥。粳米粥的做法很多，简略地列在下面：荷叶粥，用一片鲜荷叶，放在水里反复煮，取出荷叶后下入粳米，味道十分清香。只不过要在荷叶水里稍放一点生白矾，否则粥色会呈红色而不是绿色。腊八粥，用栗子、芡实、菱米、莲子、玉米、白扁豆、松子仁、核桃仁之类的，与粳米一起煮，煮好以后加糖食用。腊八粥在佛日用来供佛，所以也叫作佛粥。人们在这一天也拿这种粥相互馈赠，所以陆游才有"今朝佛粥更相馈"的诗句。其实腊八粥加糖，也是最近才开始的。按照《岁时杂记》"八日僧家以乳蕈、胡桃、百合等制作七宝粥"，称之为咸粥，可见加糖不是以前的习惯。其余像扁豆、莲子、薏米、百合之类，与什么一起煮，就叫什么粥，没有特定的方法，不能一一说清楚。除此之外还有大麦仁粥，大麦碾去皮，或者直接磨成粒，加入豌豆一起煮，更好。青稞麦磨成小粒，煮粥也很好。高粱碾去皮以后煮粥也不错。稗子粥，是把稗子碾成米后煮粥。我在天津曾经吃过，用的是蓟县出产的稗子。我家乡的稗子不适合食用。玉米粥，玉米在陕西被称作包谷，碾成粒，煮粥很好，与切成块的山芋一起煮，南山人叫作糊汤，常年食用。"糊"读作"沍"。杂粮粥里它是最好的。这里再把粳米粥里可以滋补去病的粥方，附在这里，方便养生的人参考（"孚"字本无此意）。薏米粥，除湿热，止腹泻。莲子粉粥，强健脾胃，止泄痢。芡实粉粥，固精，使耳聪目明。核桃仁粥，补命门火，要少加盐。白术末粥，强健脾胃，去风湿，适合加糖。

饭

先以水煮米，米心微开，入笼蒸之，此常法，亦通行法。诗云："释之叟叟，蒸之浮浮。"可见古人吃饭，其法亦不过如此。惟米先煮而后蒸，米之味即不能不为汤分，故饭以煮成者为最佳。煮饭之法，其诀在始终俱用熟水，生水万不可用。用生水，饭定不佳。米以滚水淘净，漉入锅，视米多少加入滚水。米老则水稍多，米嫩则水稍少。煮至水尽微有腷膊[①]之声，则饭成矣。饭须一气煮成，不可搅动。煮成，其颗粒分明，与蒸者无异，而味特厚，不过稍有锅巴耳。然锅巴可以油炸食之。又碗蒸法，一大碗可蒸米三两有余。其淘米加水，视煮饭法。置碗于笼内笼之，蒸熟，味亦浓厚。大约饭成即食，香味特别，稍缓则米香即减。尹文端[②]云："宁人等粥，毋粥等人。"吾于饭亦云然。都人以水煮米至熟，漉置竹筛中，覆以湿布，名曰澄饭，殊不如法。

【译】先用水煮米，等到米心微开的程度，放在笼屉中蒸，这是大家常用的方法，也是通行的方法。诗云："释之叟叟，蒸之浮浮"，可见古人吃饭，作法也就是这样。只是先把米

---

① 腷（bì）膊：象声词。此形容生米将熟水干之声。

② 尹文端：即清文华殿大学士尹泰子，死后被谥予"文端"的称号。

煮过以后再蒸的话，米的味道必然被水分去一部分（或者说，米的营养必然有一部分留在了汤里），所以饭用煮的方法最好。煮饭的秘诀是始终用开水，未烧开的水千万不能用。用这种生水煮饭，味道必定不好。米用开水淘净，捞出放在锅里，根据米的多少加开水。米老就多加水，反之就少加水。煮到水干后微微有哔啵的声响，就煮好了。饭要一次性煮好，不能搅动。煮好以后，米饭颗粒分明，跟蒸出来的没什么区别，但味道更醇厚，只不过稍有一些锅巴而已。锅巴也可以用油炸了后食用。米也有用碗蒸的做法，一个大碗可以蒸二三两米。淘米加水的方法跟煮没什么区别。把（放了米的）碗放在笼屉上蒸熟，味道也很不错。饭刚刚煮好就吃，香味特别浓厚，放一会儿米的香味就减弱了。尹文瑞说："宁人等粥，勿粥等人。"我说对于饭来说也是如此。城里有人用水把米煮熟，捞出来放在竹筛中，再盖上湿布，叫作澄饭，非常不同于常法。

饼

饼为北人日用所必需，无人不知作法，似可无庸缕述，然未可略也，姑列其作法如左：若蒸食之法有七。以发面蒸之，曰蒸馍，俗称馒头。以油润面糁以姜米、椒盐作盘旋之形，曰油榻。以发面实蔬菜其中蒸之，曰包子，古称饆饠，亦呼馒头。以生面捻饼，置豆粉上，以碗推其边使薄，实以发菜、蔬笋，撮合蒸之曰捎美。生面，以滚水汤之，扦圆片，一二寸大，实以蔬菜摺合蒸之，曰汤面饺。以发面扦薄涂以油，反复摺叠，以手匀按，愈按愈薄，约四五寸大，蒸熟，切去四边，拆开卷菜食之，曰薄饼，以溵发面扞薄，糁以姜盐，涂以香油，卷而蒸之，曰汤面卷。

其烙之法十有一。以生面或发面团作饼烙之，曰烙饼，曰烧饼，曰火饼。视锅大小为之，曰锅规。以生面扞薄涂油，摺叠环转为之，曰油旋。《随园》所谓蓑衣饼也。以酥面实馅作饼，曰馅儿火烧。以生面实馅作饼，曰馅儿饼。酥面不实馅，曰酥饼。酥面不加皮面，曰自来酥。以面糊入锅摇之使薄，曰煎饼。以小勺挹之，注入锅一勺一饼，曰淋饼。和以花片及菜，曰托面。置有馅生饼于锅，灌以水烙之，京师曰锅贴，陕西名曰水津包子。作极薄饼先烙而后蒸之，曰春饼。

其油炸之法有五。以发面作饼炸之，曰油饼。搓为细缕，摺合炸之，曰馓子。扭如绳状炸之，曰麦花，一曰麻花。以汤面实以糖馅，作圆饼炸之，曰油糕。以碱、白矾发面搓长条炸之，曰油鬼，陕西名曰油炸鬼，京师名曰炙鬼。以上作法，容有未备，然大回答不外是矣（原注：汤，《广韵》他浪切，热水添也。饺，《集韵》音教，饴也，然铰饵字相沿已久，故仍其旧，其实即角字也。北人读角音，若矫；南山人水角子即北人之水饺子也。麦果，《广韵》古火切，饼麦果食也）。

【译】饼是北方人日常食用的必备之物，没有人不知道它的做法，似乎不需要过多赘述，但是还是不能省略。暂且列出如下做法，蒸饼的方法有七种。用面发了蒸，叫作蒸馍，俗称馒头。把面做成盘子的样子，再在表面沾上油、撒上姜粒和椒盐，叫作油榻。用发过的面，中间放上蔬菜蒸，叫作包子，古时候称饽锣，也称作馒头。用生面捏成饼，放在豆粉上，用碗把它的边儿推薄，中间放上发菜、蔬笋，撮合起来蒸着吃，叫作烧卖。生面用开水烫了和好，扞成一二寸圆片，中间放上蔬菜，捏好了蒸食，叫作烫面饺。把发过的面擀薄，涂上油，反复折叠，并用手按均匀，越按越薄，五六寸大小，蒸热后去掉四边，拆开卷上菜食用，叫作薄饼。把烫面擀薄，撒上姜、盐，抹上香油，卷后蒸着吃，叫作烫面卷。

烙的方法有十一种。用生面或发面团（或者说：发过的面）做成饼烙了吃，叫烙饼，也可以叫作烧饼或火饼。根据锅的大小来做，叫作锅规。用生面擀薄后涂上油，螺旋状折叠起来，叫作油旋，也就是《随园食谱》里所说的蓑衣饼。在酥面里装上馅儿做饼，叫作馅儿火烧。用生面里装上馅儿做饼，叫作馅儿饼。用酥面但是不放馅儿，叫酥饼。酥面不加皮面，叫作自来酥。用面糊在锅里，摇锅把它弄薄，叫煎饼。用小勺舀了（面糊），放在锅里，一勺一饼，叫淋饼。和面时加入花或菜，叫作托面。把有馅儿的生饼放在锅里，倒上水烙，京师叫锅贴，陕西称为水津包子。做极薄的饼先烙后蒸，叫作春饼。

油炸的方法有五种。用发过的面做饼用油炸，叫油饼。搓成细条，叠合在一起炸，叫撒子。扭成绳子的样子，叫麦花，也叫麻花。在烫面里放上糖馅儿，做成圆饼炸了，叫油糕。用碱、白矾发面后搓成长条炸，叫油果，陕西叫作油炸鬼，京师叫作炙鬼。以上做法，所说的并不完全，但粗略的讲也不外乎这几种了。

面条

面条，古名索饼，一名汤饼。索饼言其形，汤饼言其食法也。面条北方家家能作，然工拙高下，有不可以道里计者。大抵调碱合宜，揉面有法，则可以撵薄，可以切细，可以久煮而不断碎。其食时以何卤浇之，即以其名命之，无定也。其以水和面，入盐、碱、清油揉匀，覆以湿布，俟其融和，扯为细条。煮之，名为桢条面。作法以山西太原平定州，陕西朝邑、同州为最佳。其薄等于韭菜，其细比于挂面。可以成三棱之形，可以成中空之形，耐煮不断，柔而能韧，真妙手也。其余如面片、面旗之类，无庸赘述矣。煮成面条，激以冷水，晾干水气，入油炸透，以高汤微煨食之，清而不腻。袁文诚遗法也。贵人庖厨，原无不可，余曾食过，然不敢仿为之也（原注：扯，车上声，本作桢，因时下皆如此写，故仍其旧。桢，《玉篇》知盈切，引也）。

【译】面条，古代叫索饼，又叫汤饼。索饼说的是它的形状，汤饼说的是它的吃法。面条在北方家家都能做，但是水平高下，差别太大了。大体讲调碱合适、揉面讲究方法，就可以擀得薄能切细，可以久煮而不断不碎。吃的时候浇什么卤，就叫什么名字，没有固定名称。用水和面，放入盐、碱、清油揉匀，盖上湿布，等其融合后，扯为细条，煮了后就叫桢条面。制作手法以山西太原、定州，陕西朝邑、同州最好，能做得跟韭菜一样薄，跟挂面一样细，可以做成三棱形状，也可以做成中空的形状，耐煮不断，柔软却有韧劲，真是妙手啊。其他做法比如面片、面旗之类的，就不多说了。煮成面条，放在冷水里激一下，晾干水分，放进油里炸透，用高汤煨后食用，清爽而不腻。这是袁文贵留下来的方法。有钱人家的厨师，（这么做）也没什么不好，我曾经吃过，但始终不敢效仿。

玉米粥

作游西直门外，在海淀马氏家，吃玉米粥，甚佳。玉米碾成小粒煮粥，加入切碎生菠菜、生白菜，酌加盐，颇有山居风味。

【译】我在西直门外游玩，在海淀马氏家里吃过一次玉米粥，很好吃。玉米碾成小粒煮粥，加入切碎的菠菜、生白菜，酌量加盐。很有山野风味。

【评】玉米粥：此粥准确地讲应当叫作玉糁粥。因不是碾成面，而是碾成粒。（佟长有）

杏仁酪

糯米浸软，捣极碎，加入去皮苦杏仁若干，同捣细，去渣煮熟，加糖食（原注：渣，音樝，木名，此借用，于义当作滓字）。

【译】糯米泡软捣碎，加入一定量的去了皮的苦杏仁，一并捣细，去掉渣滓后煮熟，加糖食用。

油酥干饼

细面以温熟水加香油及糖或盐和之，揉到。愈揉愈佳，工夫全在揉上。拍作薄饼，按分半厚，大如小叠，锅内铺小圆石，置饼其上烙之，甚酥（原注：俗书小盘作碟，《集韵》碟，食列切，治皮也，义太远。当书作叠字，谓可以层叠置之也）。

【译】细面用温开水加香油及糖或盐和好，揉到。揉得时间越久越好，功夫全在这个揉字上。拍成半分厚的薄饼，大小跟小碟子差不多，锅里放小圆石头，把饼放在上面烙，非常酥。

淋饼

调面为糊，入椒茴末、姜屑及盐和匀，一小勺一饼，入油锅炸之，最软美。加入西葫芦丝、冬瓜丝、白菜丝搅匀烙之，曰糊塌，亦佳。

【译】把面调成糊，放入椒茴末，姜屑及盐和匀，一小勺做一个饼，放进油锅里炸，又软又美味。加入葫芦丝、冬瓜丝、白菜丝搅匀后烙了，叫作糊塌子，也很美味。

托面

秦人以花瓣或菜之嫩者，裹以面糊，入油锅炸之，谓之托面。朱藤花、玉兰花、牡丹花、木槿花、荷花、戎葵花、蜜萱花、倭瓜花，皆可作。牡丹、玉兰稍苦，荷花、戎葵稍韧，倭瓜花最佳。菜则嫩香椿、嫩红苋叶、嫩同蒿叶之类，皆可作也。此法与淋饼已见前，因未详析，故再言之。

【译】陕西人用花瓣或者嫩菜，裹上面糊，放在油锅里炸，称之为托面。朱腾花、玉兰花、牡丹花、木槿花、荷花、戎葵花、蜜萱花、倭瓜花都可以用来做托面。牡丹、玉兰稍苦，荷花和戎葵花稍韧，倭瓜花最好。菜的话，嫩香椿、嫩红苋叶、嫩茼蒿叶之类的，都可以。做法同之前的淋饼。

【评】托面：用鲜花裹糊炸之。北京有两道宫廷菜，一是“酥炸玉兰”，用鲜玉兰花裹酥炸糊炸制而成，蘸冰糖渣食用；二是夏末的“酥炸荷花”，此菜应选用红花莲蓬、白花藕的粉红色荷花做原料才恰到好处。（佟长有）

炸油果

干面一斤，以水和匀，要和软。再以盐三钱、白矾三钱、硷一钱和水加入，揉匀，置暖处发过，炸之。

【译】一斤干面，用水和匀、和软。再加入三钱盐、三钱白矾、一钱碱用水调开加在面里，揉匀。放在热的地方发酵后，炸了吃。

炸油糕

面若干置瓷盆中，以滚水汤之，和令相得取出，置案上。再以开水少许洗净盆内余面，并水倾入已汤面上，和匀。俟其融和，作圆饼实以糖馅。炸之。亦有蔬菜作馅者，河南人喜为之。

【译】将一定量的面放在瓷盆中，用开水烫了，和好后取出，放在案上，再用少许开水洗净盆里的剩面，连水一起倒在面上，和匀。等到融合后，做成饼并在里面放上糖，炸了食用。也可以用蔬菜作馅，河南人喜欢这么做。

酥面

干面蒸熟，不用水，以香油和匀，曰酥面。以油与水和面曰皮面。凡作饽饽酥饼，先取皮面一块，擀薄。再取酥面与皮面多少相若，擀薄。置皮面上，反复折合，再擀薄。实以馅曰饽饽，不用馅曰酥饼。烙用鏊，以炭火逼之则同。以上三条，亦已见前，因未详析，故再言之。

【译】干面蒸熟，不用水，用香油和匀，叫作酥面。用油和水和面叫作皮面。凡是做饽饽酥饼，先取一块皮面，擀薄，再取与皮面差不多的酥面，擀薄，放在皮面上，反复叠合在一起，再擀薄，放入馅儿叫饽饽，不放馅儿叫酥饼。烙的时候用鏊，用炭火的做法都是一样的。以上三条，也已经在前面说过了，因没有详细分析（描述），所以再说一遍。

炒油茶

生面二斤，炒熟，乘热入芝麻酱半斤或十两搅匀，再入椒茴末及盐和匀，摊开晾冷。不晾或有焦气。临时或以滚水和之，或以冷水煮之，均可。

【译】用二斤生面，炒熟，趁热放入半斤或一斤芝麻酱搅匀，再放入椒茴末及盐和匀，摊开晾冷，不晾的话有时候会有焦糊气味。等食用时可以用开水和了，或者加冷水煮开食用，都可以。

菊叶粉片

糯米粉调作糊，蘸以真菊叶，入油锅炸之可发开，糁白糖食，清芬溢齿牙间也。洋菊叶不中食。

【译】糯米粉调成糊状，用真菊叶蘸上（这些糊），放入油锅炸了可立刻发开，撒上白糖食用，清香充溢唇齿之间。洋菊叶不能吃。

米粉

出浙江温州者佳，以杭米面制成，作点心甚佳，以煮挂面法煮之。

【译】浙江温州出产的最好，用杭米制作，做点心很好，用煮挂面的方法煮了吃也可以。

削面

面和硬，须多揉，愈揉愈佳，作长块置掌中，以快刀削细长薄片，入滚水煮出，用汤或卤浇食，甚有别趣。平遥、介休等处，作法甚佳。

【译】面和得硬一点，多揉，时间越久越好。做成长条形状，放在手上，用快刀削成细长薄片，放在开水里煮而出锅，浇上汤或卤，别有味道。平遥、介休等地，做法最好。

炒面条

面条煮出，浸以冷水，匀摊筛上，晾干水气，入油锅同笋丝或白菜丝、豆腐干丝炒之，腴脆不腻。天津素饭馆作法颇好。

【译】面条煮好并浸过冷水后，均匀地摊放在筛子上，晾干水分，放在油锅里和笋丝或白菜丝、豆腐干丝一起炒，腴脆不腻。天津素菜馆的做法很不错。

面菱

面揉好擀薄，切小方，按五分许，将其两对角反正捏合，铺日中晒干，以水煮出，浇卤食。较甘肃之窝窝面，为差胜也。

【译】面揉好擀薄，切成五分许的小方块，将它的两个角正反捏在一起，放在太阳下晒干，用水煮过，浇上卤食用。跟甘肃的窝窝面不相上下。

汤圆

粉饵之类，段柯古[1]所谓汤中牢丸者也。《表异录》糖锤，

①段柯古：即唐段成式，著有《酉阳杂俎》。

今之元宵子也。周必大[①]有元宵浮圆子诗，朱淑真[②]有圆子诗，是元宵汤圆之名，古已有之矣。今人捏馅作小块，入糯米粉滚之，再湿再滚，大小合宜而止，曰元宵。以水和糯米粉，擘块，实以馅包之，曰汤圆。古人作此，当亦不外此二法也。

【译】汤圆属于粉饵（“饵”为糕点）一类，唐代段成式所说的汤中牢丸。《表异录》里称糖锤，也就是今天的元宵子。周必大有描写元宵浮圆子的诗句，朱淑真也写了圆子诗，所以元宵、汤圆之类的称谓，早已经有了。现在的人们把馅捏成小块，放在糯米粉里滚，一边弄湿一边滚，直到大小合适，称作元宵。用水和糯米粉，揪成块，里面包上馅，叫作汤圆。古人做，也不外乎这两种做法吧。

冬笋汤

冬笋食法见前，汤为素蔬中最鲜之汤。另以蚕豆、黄豆牙等汤加入，方鲜而不薄也。

【译】冬笋的吃法见之前叙述。汤是素菜里最鲜的。加入煮蚕豆、黄豆芽等的汤，才能够鲜而不薄。

蘑姑汤

蘑菇见前，其汤为素菜高汤，用处最多，然非加以蚕豆、黄豆等汤，则味单也。

---

①周必大：南宋大臣。字子充。著有《二老堂诗话》等，后人汇编为《益国周文忠公全集》。

②朱淑真：女，宋钱塘人，自称幽栖居士。幼警慧，善读书。嫁市井民家，抑郁不得志，使诗多忧怨之思。宛陵魏端礼辑其诗词名《断肠集》。

【译】蘑菇已经在前面介绍过了，它的汤是素菜里的高汤，用处最多，但是如果不加入蚕豆、黄豆等汤，则味道就显得单薄。

天目笋汤

每篓约一斤有余，味咸，色微青。每用两许，多用亦可。以开水浸之，其浸软之笋，拣去老不食者去之。余则或划丝，或切片，或与豆腐干、豆腐皮同煨，或与别菜同煨，均佳。浸笋之水，则素蔬中之好汤，不可弃也。

【译】每篓一斤多，味咸，颜色微青。每次用一两左右，多用也可以。用开水泡了，把已经泡软的笋，去掉不能吃的部分后切成丝，或切成片，也可以与豆腐干、豆腐皮一起煨，与别的菜一起煨也很好。泡笋的水是素菜中最好的汤，不能丢弃。

蚕豆汤、蚕豆芽汤

蚕豆浸软去皮，以煮至豆开花时，豆已烂熟，将汤澄出，作为各菜之汤，鲜美无似，一切汤皆不及也。若用汤多，不及剥去豆皮，汤味便减。至于以蚕豆芽煮汤，味亦清腴，虽不及去皮蚕豆汤之鲜美，要仍不失为素蔬中之高汤也。

【译】蚕豆泡软去皮，煮到蚕豆开花时，表明豆已煮烂，将汤澄出，作为做其他菜的汤，鲜美无可比拟，一切别的汤都比不上它。如果用汤多，来不及剥去豆皮，汤味就减弱了。

而用蚕豆芽煮汤，味道也很清腴，虽比不上去皮蚕豆汤那么鲜美，但也是素菜中的高汤了。

莱菔汤

京师扁莱菔、陕西天红弹莱菔为最上，其余莱菔次之。用莱菔七成、胡莱菔三成，切片或丝，同以香油炒过，再以高酱油烹透，然后以清汤闷之。闷至莱菔极烂，其汤即为高汤。或浇饭，或浇面，或作别菜之汤，无不腴美。余每日以浸软蚕豆去皮煮汤，或莱菔汤，浇饭、浇面、吃饼，甚为适口，胜肥脓多矣。

【译】京师的扁莱菔、陕西的红弹莱菔最好，其余莱菔就差一些。用七成莱菔，三成胡莱菔，切成片或丝，一同用香油炒过，再用高酱油烹透，然后倒入清汤焖到莱菔极烂，其汤就成了高汤。用来浇饭、浇面，或作为制作其他菜的汤，都很腴美。我每天用泡软的蚕豆去皮后煮汤，或者用莱菔汤浇饭、浇面、伴着饼吃，非常适口，比大鱼大肉强多了。

黄豆芽汤、黄豆汤

黄豆芽煮极烂，将豆芽别用，其汤留作各菜之汤，甚为隽永。但用黄豆煮汤，豆极烂时，豆别用，汤仍留作各菜之汤，尤为隽永。惟芽汤味清而腴，豆汤味厚而甘，为不同耳。

【译】黄豆芽煮到极烂，将豆芽取出用作别的用途。它的汤用作别的菜的汤，十分隽永。只用黄豆煮汤，豆煮得很烂后，取出豆子做别的用处，汤仍用作其他菜的汤，更加隽永。只不过豆芽汤清而腴，豆汤味厚而甘，这是唯一区别。

【评】黄豆芽：常用于素菜席中。黄豆芽经熬制，雪白浓酽，不亚于荤汤的鲜味。只是有些豆腥味，故而厨师可用去核儿的苹果切成瓣，下入黄豆芽汤内煮烂捞出，杂味尽消。(佟长有)

豌豆苗汤

以豆苗与春菜或冬菜同焗汤，甚佳。单用嫩豆苗焗汤，亦殊鲜美也。

【译】用豆苗与春菜或冬菜一同煨，很美味。只用嫩豆苗煮汤，也异常鲜美。

黄豆芽春菜汤

腌白菜，京师以黑者名冬菜，白者名春菜。先以水煮黄豆芽熟，焗入春菜，酌加盐，甚清永。陕西则以白者名冬菜，黑者名梅干菜也。

【译】腌白菜，京师把黑色的叫作冬菜，白色的叫作春菜。先用水把黄豆芽煮熟，加入春菜一起煮，酌量加盐，十分清永。陕西则是把白色的叫作冬菜，黑色的叫梅干菜。

紫菜汤

以冬菜或春菜同紫菜焗汤浇面，食甚佳也。

【译】用冬菜或春菜同紫菜一起炖汤煮面，吃起来十分美味。

酱油精、味精

终年素食，苦于淡泊，恒情所不能免。然使仍此蔬菜菜羹，而味竟等于珍羞，则又未尝不乐而为之也。海舶所市味之素，于素食中加少许，其味便尔浓腴，惟稍涵腥味，持斋者颇有疑心，或云其中微有毒质，故人恒不敢用也。近日江苏吴君蕴初[1]制酱油精、味精二种，即白汤中著以少许，亦复隽永腴美，足以悦口，而又绝无肥腻腥膻之气，诚佳制也。又经印光上人，亲至其制造之处，详加考察，确系取麦麸洗出面筋，醞酿多日制成，其质纯净，确属清洁之品，故特著于此。

【译】常年吃素，口味淡薄，但追求口感在所难免。如果用蔬食菜羹作菜，而味道不亚于珍馐佳肴，那谁还不乐意吃（这些素食）呢？船上所售卖的素食，在蔬菜瓜果中加入少许，味道就很浓郁了，只不过稍有腥味，吃斋的人多心存疑虑，怀疑里面多多少少会有有毒物质，所以有人一直不敢食用。最近江苏吴君蕴开始制作酱油精、味精，即使在白汤中放入少许，味道也很隽永腴美，口感很好，而有没有肥腻腥膻的味道，实在是好东西啊。印光上人还亲自到制作的工厂，详细考察，确实是用麦麸洗出面筋，酝酿多日制作而成，是质地纯净而清洁之物。所以特意写在这里。

[1]吴蕴初：江苏嘉定人。一九二三年创办天厨味精厂。

烹坛新语林

“民以食为天”“治大国若烹小鲜”。我们厨师通过学习中华烹饪古籍知识，可以穿越时空，感受到饮食文化的博大精深和传承厨艺的创新发展之路。

中国烹饪“以味为核心，以养为目的”。作为当代厨师需要博古通今，了解更多的饮食文化知识，掌握更全面的烹调技法，“传承特色不忘其本，发展创新不乱其味”，与时俱进，从“厨”到“师”让更多的人群吃出特色、吃出美味、吃出健康来。

朱永松——世纪儒厨，北京儒苑世纪餐饮管理中心总经理

随着对烹饪事业的不断追求，对于源远流长的中华饮食文化之博大精深领悟得越透彻，对古人高超的烹饪技艺及蕴含其中的生活智慧就更加充满敬意。

伴随着人民对美好生活的新期待，礼敬传统，挖掘历史古籍，汲取营养，把握烹饪发展脉络，找寻新时代前进的方向，对进一步找回文化自信，对促进当今的餐饮发展，促进人类饮食文明的进一步提高有着积极作用。

杨英勋——全国人大会议中心总厨

“坚持文化自信，弘扬工匠精神”，作为“烹饪王国”中的一名餐饮文化传播者，一直细品着“四大国粹”之一的“烹饪文化”的味道。

民族复兴，助力中国烹饪的发展；深挖古烹之法，“中和”时代新元素，为丰富百姓餐桌增添活力。“自然养生，回归味道”正是餐饮界数千万人所追求的终极目标。挖掘中华烹饪古籍是“中国梦”“餐饮梦”中最好的馈赠。

杨朝辉——北京和木 The Home 运营品控总经理

古为今用，扬长避短，做新时代的营养厨师，是我从厨的信念。

“国以民为天，民以食为天”，饮食文化博大精深，学无止境。我们不仅要传承，还要创新。海纳百川，不断地充实自己的烹饪实力。与时俱进，博取各地菜式之长，用现代化的管理意识，为弘扬中国的烹饪事业做出贡献。

梁永军——海军第四招待所总厨

中国饮食文化随着国力的日益强大，在世界上的影响越来越大，各菜系都在传承、创新和发展。

在互联网高速发展的时代，需要更大的创新和改革。无论如何创新，味道永远是菜品的魂，魂从哪里来？就需要我们专业厨师了解传统烹饪技艺、了解食材特性和有炉火纯青的烹饪技法。中华烹饪古籍的出版是餐饮界功在当下、利在千秋的，是幸事、喜事，让更多的厨师得以学习、借鉴、传承和发扬。传承不是守旧，创新不能没根，传承要有方向性、差异性、稳定性、时代性。

王中伟——中粮集团忠良书院研发总监

古为今用，我根据传统工艺和深圳纯天然的鲜花食材（木棉花、玫瑰花、茉莉花、百合花、菊花、桂花等）潜心研究素食，且着重于鲜花素饼与饼皮的研究，推出了五种不同口味的鲜花素饼，即“深圳味道”，得到食客的高度的评价。

张　国——深圳健康餐饮文化人才培训基地主任

我是地地道道的广东人，深受广东传统文化影响。“敢为人先，务实创新，开放兼容，敬业奉献”，这是公认的广东精神，也是我从艺从教的行动方针。

潜心烧制粤菜，用心推广融合菜。我以粤菜为中式菜的基础，不断求新求变，“中菜西做”“西为中用”。两年时间内研制出具有广东菜特色的30多种融合菜的代表作，引领了珠海、中山两地餐饮业的消费新热潮。同时，作为一名烹饪专业兼职教师，我将生平阅历和所学倾心相授给我的学生，期待培养出更多既有粤菜扎实功底又具有国际视野的烹饪专业优秀人才。研读烹饪古籍也给了我不断探索的动力和灵感。

李开明——中山朝富轩运营总监

我秉持着“做出让客人完全称心满意的餐饮”的心态，从食材选购、清洗、烹饪再到调味等每一环节和细节，都在我心中反复地思考和推敲。从了解客人的喜好，到吃透食材的本身，二者合一，这是制作出优秀菜品关键中的关键。

这几年，我也试着把健康、养生的想法更多地融入菜品之中，把养生餐饮推广出去，让更多的顾客感受餐饮的魅力。

“做菜就是文化的传承，摆盘无论是有多好看，如果没有文化作为底蕴支撑，再好看的菜品也没有了灵魂。”

吴申明——三亚半岭温泉海韵别墅度假酒店中餐厨师长

中国烹饪事业是在源源流长的不同社会变革中发展起来的。自远古时代的茹毛饮血、燧木取火到烹制熟食、解决温饱、吃好，再到吃出营养和健康，都是一代又一代餐饮人的艰辛付出，才换来了今天百姓餐桌百花齐放的饕餮盛宴。

自改革开放以来，随着物质生活的逐渐丰富，人民生活水平的不断提高，健康问题就是新形势下餐饮工作者思考的问题。要从田间到餐桌、从生产加工到制作销售，层层监管，再加上行业监管，才能真正地把安全、放心、营养、健康的食品送到百姓餐桌上。那么，新时代形势下的职业厨师，更应该挖掘古人给我们留下的宝贵财富，发奋图强，励精图治，把我们的烹饪事业弘扬和传承下去。

丁海涛——北京川海餐饮管理有限公司总经理

中国文化历史悠久，中华美食源远流长。从古至今，民以食为天，人们对美食的追求与向往从来就没有停止过。随着饮食文化的不断发展，人们对美食的追求也不断提升。

近年来，结合国外先进理念，中国饮食演变出了很多新的概念菜式，如“分子美食技术、中西融合的创意中国菜、结合传统官府菜”的意境美食菜式被不断创新。对于新时代的中国厨师而言，在思想上，应不忘初心、匠心传承；在技艺上，应借鉴当今世界饮食文化的先进理念，汲取中国传统饮食各菜系之精髓，不断地寻找新的前进方向，才能让中国饮食文化屹立于世界之巅。

王少刚——北京四季华远酒店管理有限公司总经理

随着时代的发展，餐饮消费结构年轻化，80 后、90 后成为餐饮消费市场的中坚力量。这意味着餐饮行业将会出现一大批,为迎合这一庞大消费群体的个性化、私人化的餐饮服务，更多的传统饮食以“重塑”的方式涌现，打上现代化、年轻化、时尚化的标签。

但无论如何变迁，餐饮人都不要被误导，还是应该回归初心，把菜做好。把产品做到极致，自然会有好的口碑。

宋玉龙——商丘宋厨餐饮

随着经济全球化趋势的深入发展，文化经济作为一种新兴的经济形态，在世界经济格局中正发挥着越来越重要的作用。特别是中国饮食文化在世界上享有盛誉。不管是传统的“八大菜系”，还是一些特色的地方菜，都是中国烹饪文化的传承。长期以来，由于人口、地理环境、气候物产、文化传统，以及民族习俗等因素的影响,形成了东亚大陆特色餐饮类别。随着中西文化交流的深入，科学技术不断发展，餐饮文化也在不断地创新发展，在传统的基础上，增加了很多新的元素。实现了传统与时尚的融合，推动了中国饮食文化走出国门、走向世界。

李吉岩——遵义大酒店行政总厨

中国饮食文化历史源远流长、博大精深，历经了几千年的发展，已经成为中国传统文化的一个重要组成部分。中国人从饮食结构、食物制作、食物器具、营养保健和饮食审美意识等方面，逐渐形成了自己独特的饮食民俗。世界各地将中国的餐饮称为“中餐”。中餐是一种能够影响世界的文化，中餐是一种能够惠及人类的文化，中餐是一种应该让世界分享的文化。

李群刚——食神传人，初色小馆创始人

中国饮食文化博大精深、源远流长。烹饪是一门技术，也是一种文化，既包含了饮食活动过程中饮食品质、审美体验、情感活动等独特的文化底蕴，也反映了饮食文化与优秀传统文化的密切联系。

随着时代的发展，人们越来越崇尚饮食养生理念。通过挖掘烹饪古籍，学习前辈们的传统技艺，再结合现代养生理念，不断地创新，将中华饮食文化发扬光大，是我们这一辈餐饮人不忘初心、牢记匠心的责任和使命。

唐 松——中国海军海祺食府餐饮总监

随着饮食文化的发展和进步，创新是人类所特有的认识和实践能力，中华餐饮也因此在五千年的发展中越发博大而璀璨。烹饪不仅技术精湛，而且讲究菜肴的美感。传统烹调工艺的研究是随着社会的发展和物产的日益丰富而不断进步的。弘扬中国古老的饮食文明，更要发展以面向现代化、面向世界、面向未来为理念的烹饪文化，才能紧跟社会发展的步伐，跟得上新时代前进的方向，才能促进当今饮食文化的发展。创新不忘本、传承不守旧，不论是传统烹调工艺的传承，还是创新菜的细心研究。无数的美食，随着地域、时间、空间的变化，也不断地变化和改进。用舌尖品尝中国饮食文化，食物是一种文化，更是一种不可磨灭的记忆。

张陆占——北京宛平九号四合院私人会所行政总厨

“舌尖上的中国”让世界看到了中餐的博大精深，其中最有影响力的莫过于源远流长的地方菜系。这些菜系因气候、地理、风俗的不同，历经时间的沉淀依旧具有鲜明的地方特色。

随着时代的变迁、饮食文化的发展，现代人对于美食有了更高的要求，促使中餐厨师不断地创新和完美地传承。无论是经典菜系的传承，还是创意菜的悉心研究，对于中餐厨师而言，凭借的都是对美食的热爱与执着。也正因此，才令中餐的美食文化传承至今，传承不守旧，创新不忘本。

常瑞东——郑州市同胜祥餐饮服务管理有限公司出品总监

美食是认识世界的绝佳方式，要认识和了解一个国家、一个地区，往往都是从一道好菜开始。以吃为乐，其实不仅仅是在品尝菜肴的味道，也是在品尝一种文化。中华美食历史悠久，是中华文明的标志之一。中餐菜肴以色艳、香浓、味鲜、形美而著称。

中国烹饪源远流长，烹饪文化、烹饪技艺代代相传。我们应该让传统的技艺传承下去，取其精华去其糟粕，不断创新和融合，不断推陈出新。

张　文——大同魏都国际酒店餐饮总监

中国烹饪历史悠久、博大精深，只有善于继承和总结，才能善于创新。仅针对保持菜肴的温度的必要性，说说我的看法。

人对味觉的辨别是有记忆的，第一口与最后一口的味道是有区别的。第一口的震撼是能让人记住并唇齿留香，回味无穷的。把90℃的菜品放在一个20℃的器皿里，食物很快就会凉掉，导致口感发柴、发涩，失去其应有的味道。因此，需要给器皿加温，这样才能延长食物从出锅、上桌到入口的“寿命”。

陈　庆——北京孔乙己尚宴店出品总监

挖掘烹饪古籍是“中国梦”“餐饮梦”中最好的馈赠。从美食的根源、秘籍、灵感、创新四个角度出发，深入挖掘厨艺背后的故事，分享超越餐桌的味觉之旅，解密厨师的双味灵感世界。这种尊重与分享的精神兼具传承和创新的灵感，与独具慧眼的生活品味不谋而合。

孙华盛——北京识厨懂味餐饮管理有限公司董事长

中国的饮食文化，有季节、地域之分。由于我国地大物博，各地气候、物产和风俗都存在着差异，形成了以川、鲁、苏、粤为主的地方风味。因季节的变化，采用不同的调味和食材的搭配，形成了冬天味醇浓厚、夏天清淡凉爽的特点。中国烹饪不仅技术精湛，食物的色、香、味、型、器具有一致协调性，而且对菜的命名、品味、进餐都有一定的要求。我认为，中国饮食文化就其深层内涵可以概括成四个字“精、美、情、礼”。

宋卫东——霸州三合旺鱼头泡饼店厨师长

中国烹饪是膳食的艺术，是一种复杂而有规律的、将失败转化为食物的过程。中国烹饪是将食材通过加工处理，使之好吃、好看、好闻的处理方法。最早人们不懂得人工取火，饮食状况一片空白。后来钻木取火，从此有了熟食。随着烹调原料的增加、特色食材的丰富、器皿的革新，饮食文化和菜品质量飞速提高！

王东磊——北京金领怡家餐饮管理有限公司副总经理

我是一名土生土长的北京人，当初怀着对美食的热爱和尊敬开始了中式烹调的学习。在从事厨师近 30 年，熟悉和掌握了多种风味菜式，我始终认为中餐的发展应当在遵循传统的基础上不断创新，每一道经典菜肴要有好的温度、舒适的口感和漂亮的盛装器皿。

因为我是北方人，所以做菜比较偏于北方，但为了满足南方客人及外国客人的味蕾，我每天都在研究如何南北结合、东西融合。

我一直坚持认为一道菜的做法，无论是食材还是调料的先后顺序、发生与改变，都会影响到菜品的最终味道。我希望做到的是把南北融合，而不是改变。让客人在我这里享用到他们想吃的，而不是让他们吃到我想让他们吃的。

融合创新的同时，不忘对于味道本身的尊重，我始终信奉味道是中餐的灵魂。我信奉的烹饪格言是“唯有传承没有正宗，物无定味烹无定法，味道为魂适口者珍”。

麻剑平——北辰洲际酒店粤秀轩厨师长

中国烹饪源远流长，自古至今，经历了生食、熟食、自然烹食、科学烹食等发展阶段，推出了千万种传统菜肴和千种工业食品，孕育了五光十色的宫廷御宴与流光溢彩的风味儿家宴。

中国烹饪随着时代的变迁以及技法、地域、经济、民族、宗教信仰、民俗的不同，展示出了不同的文化韵味，形成了不同流派的菜系，各流派相互争艳，百家争鸣。精工细作深受国内外友人喜爱，赋予我国“美食大国”的美称且誉满全球。

高金明——北京城南往事酒楼总厨

从《黄帝内经》《神龙百草经》《淮南子本味篇》等古籍到清代的《随园食单》，每次翻习都能有不同的感悟。《黄帝内经》是上古的养生哲理，《淮南子本味篇》是厨师的祖师爷给我们留下来的烹饪宝典，而敦煌出土的《辅行决》更是教你重新认识季节和性味的关系。在现代社会，知识的更迭离不开我们古代先哲的指引，学习的深入要追本溯源，学古知今。

王云璋——中国药膳大师

中华美食汇集了大江南北各民族的烹饪技术，融合了各民族的文化传承。随着人们的生活水平不断的提高，现在人们的吃都是讲究“档次”和“品味”规格，当然也表现在追求精神生活上。民以食为天，南北地域的菜品差异，从而产生对美食的新奇审美感，这种对不同区域各类美食风格的新体验，就是传说中“舌尖上的中国”。

郭效勇——北京宛平盛世酒楼出品总监

从古时候的“民以食为天”，到今天的“食以安为先”，人们的饮食观念发生了翻天覆地的变化。作为餐饮从业者一定要把握好饮食变化的规律，才能更好地服务于餐饮事业的发展和人民生活的需要。

当物质生活丰富到一定程度，人们对饮食的追求将更趋于自然、原生态、尽量避免人工合成或科技合成等因素的掺杂。

“穷穿貂，富穿棉，大款穿休闲”，是现实社会消费现象的写照。新中国成立前，山珍海味是将相王侯、达官显贵的桌上餐，普通老百姓只有听听的份，更没有饕餮一餐的口福。改革开放以来，“旧时王谢堂前燕，飞入寻常百姓家”，物质资源的极大丰富,老百姓原来只能听听而已的珍馐佳肴，逐渐成为每个家庭触手可及的饮食目标。人们对餐饮原料、调味的“猎奇心态”越来越严重，促使生产商在利益的驱使和高科技的支持下生产出各种“新原料、新调料”。

私人订制、农家小院、共享农场等新的生活方式逐渐成为社会餐饮消费的主流，人们开始追求有机的、原生态的餐饮原料，也开始把饮食安全作为一日三餐的重要指标。因此，我们餐饮人员一定要紧随趋势，为广大百姓提供、制作健康安全的食品。

范红强——原首都机场空港配餐研发部主管

纵观华夏各民族的传统菜肴和现代烹饪技术，我们餐饮技术人员应对遗落于民间的菜肴和风俗文化进行深入的挖掘和继承，并研发出适合现代市场的菜肴，改良和完善健康美食体系。在打造“工匠精神”的同时，培养和提升行业年轻厨师们的道德品质和烹饪技术能力，大力发扬师傅带徒弟的良好风气，弘扬中国烹饪文化精神。让更多的人在学习和传承中，树立正确的价值观，发挥出更加精湛的技艺，充分体现中国厨师在全社会健康美食中的标杆和引领作用，打造全社会健康美食的精神灵魂。

尹亲林——现代徽菜文化研究院院长